인공지능시대
최고의 교육은
독서다

인공지능시대
최고의 교육은
독서다

| 조미상 지음 |

더메이커

들어가며

교육열 대신 교육 철학을 가져야 한다

전 세계에서 자녀교육에 대한 열의, 즉 교육열이 가장 높은 나라는 어디일까요? 대한민국이라고 자신 있게 외쳐도 이의를 제기할 사람은 별로 없을 것 같네요. 전 미국 대통령 오바마도 대한민국의 교육열을 화제 삼았을 정도니까요.

세계적으로 '교육열' 하면 유대인과 대한민국의 엄마를 공통으로 떠올린다고 하더군요. 미국에 이민 가서 사는 다양한 민족 중에서 전업주부로 아이들 뒷바라지하는 민족 역시 이 두 민족의 엄마들이라고 합니다. '기러기 엄마', '기러기 아빠'라는 말이 낯설지 않은 우리에게는 충분히 공감 가는 얘기입니다.

그런데 이렇게 세계적으로 인정받고 있는 대한민국 부모의 남다른 교육열이 과연 자녀들에게 긍정적인 열정으로 이어지고, 또 그들을 바른 길로 이끌고 있을까요? 세계적으로 유별난 우리 부모들의 교육열과 교육법이 그들이 살았던 세상과는 다른 세상을 살아야 하는 우리 아이들에게 여전히 유효할까요?

우리는 이제 사랑하는 아이들의 미래를 위해 우리의 교육열과 교육법에 대해 스스로 질문을 던지고 그 효용을 의심해봐야 할 시점에 놓여 있습니다. 왜일까요? 한마디로 세상이 바뀌었기 때문이죠.

교육이 무엇인가요? 우리는 무엇 때문에 이토록 자녀교육에 열정을 쏟아붓고 있나요? 물론 아이가 세상에 나가 한몫 톡톡히 해서 자유롭고 행복하게 살길 바라기 때문일 겁니다.

그렇다면 우리의 교육은 아이들이 세상살이를 잘할 수 있도록 준비해주어야 하지 않을까요? 지금 우리 아이들은 가정이나 학교에서의 교육을 통해서 10년 후, 15년 후, 20년 후의 세상살이 준비를 잘하고 있는 걸까요? 우리 교육이 혹시 부모들이 살았던 30년 전, 50년 전 세상살이에 초점이 맞춰져 있는 건 아닐까요?

교육의 본질은 문제해결능력

세상이 변화하는 속도가 갈수록 빨라지고 있음을 느끼시나요? 스마트폰의 새로운 버전 출시가 갈수록 빨라지고 있습니다. 어제와 오늘은 전혀 다른 세상이라는 말도 자주 듣습니다. 혁신적인 과학기술은 사람의 이해 수준을 훨씬 넘어섰다고도 말합니다.

우리의 부모, 즉 현재 아이들의 조부모 세대는 컴퓨터와 상관없는 세월을 살았습니다. 이 책을 읽고 있을 부모들은 살다 보니 어느덧 컴퓨터가 내 손에 24시간 놓여있게 되었죠. 이게 모두 새로움을 위해 끊임없이 도전하는 혁명가들 덕분입니다.

우리 아이들은요? 엄마 뱃속에서부터 디지털 세상에서 사는 디지털 네이티브입니다. 이제 조금 느낌이 오시나요? 우리가 왜 지금 아이들의 교육에 대해 진지하게 고민해야 하는지 말입니다.

우리가 받아들일 수 있든 없든 간에 과학기술은 세상을 급속하게 변화시키고 있고, 세계 각국은 변화된 사회에 적합한 새로운 인재를 육성하고자 교육의 변화를 일으키고 있습니다. 우리나라 역시 학교와 교사의 변화를 촉구하고 있고 최근에는 '창의융합교육'이라는 새 교육 키워드를 등장시켰죠.

창의융합교육의 목표는 지난 교육의 목표였던 지식의 단순 암기나 정답 찾기에 있지 않습니다. 점점 더 복잡해지는 세상 속에서 문제해결능력을 기르는 데 초점을 맞추고 있죠. 지식의 단순 암기 대신 다양한 지식을 이용하여 새로운 문제를 창의적으로 해결할 수 있는가의 문제해결능력 말입니다. 따라서 이때 필요한 역량은 암기력, 정확성, 속도가 아니라 협업능력, 소통능력, 비판적 사고력, 창의성 등입니다.

자녀를 양육하는 부모는 사회 변화에 따른 교육의 본질이 바뀌고 있음을 알아차려야 해요. 4차 산업혁명 시대, 과학기술 혁명의 시대에 맞는 공부는 기성세대의 그것과는 달라야 함이 마땅하죠.

저는 앞서 《융합을 알아야 자녀 공부법이 보인다》와 《융합인재 교육은 성적보다 공부그릇》에서 사회 변화와 교육 변화의 본질을 논했고, 인간 고유의 역량이 되는 7가지 공부그릇을 키우는 학습이 진정한 공부임을 주장했습니다. 앞으로는 부모가 숲 전체를 보며 조화롭게 나무를 키우는 지혜가 필요하다고 생각합니다.

독서는 인간 고유의 역량을 기르는 핵심 도구

이제 저는 세 번째 테마로 넘어가려고 합니다. 가지와 잎이 무성하며 때에 따라 열매를 다양하게 맺는 건강한 나무의 비결이 무엇인지를 찾아보고자 합니다. 눈에 보이는 것만 쫓다가 진짜 중요한 것을 보지 못한다면 그 손실은 고스란히 우리 아이들에게 돌아가니까요.

인공지능과 함께 살아갈 수밖에 없는 우리 아이들입니다. 예측하기도 어렵고 그래서 준비하기도 어려운 세상을 살아야 합니다. 그렇다면 아이들이 갖추어야 할 세상살이의 진짜 무기는 무엇일까요? 세상이 아무리 바뀌어도 꼭 필요한 인간만의 경쟁력은 무엇일까요? 인공지능, 로봇, 자동화시스템, 알고리즘이 인간의 일자리를 대체할 때 인간은 무엇을 해야 할까요?

이와 같은 질문에 답을 찾기 위해 또 다른 질문을 해볼까요? 스마트폰이 손안에 들어오면서 우리는 많은 생활의 변화가 생겼고, 그에 따라 직업이 사라지기도 새로 생기기도 했습니다. 이처럼 우리 삶에 큰 파장을 일으킨 스마트폰은 누가 만들었나요. 바로 인간입니다. 다시 말해, 과학 또는 기술 혁신은 인간의 머리에서 일어나고 있습니다.

기계와 달리 인간은 생각하고, 상상하고, 공유하고, 소통하며 비판적인 사고로 새로움을 창조해내죠. 기계는 인간이 정해준 일만 합니다. 기계가 움직이도록 프로그래밍하는 것은 인간이죠. 바로 새로움을 창조해내는 능력이 과학기술의 시대에 인간이 가질 수 있는 유일한 경쟁력 아닐까요?

그렇다면 남다르게 사고하고 상상하며 협력하고 소통하는 힘, 타당성을 따지는 비판적 사고, 기존의 것들을 이용하여 새로운 콘텐츠로 재창조해내는 창조성과 같은 인간 고유의 역량은 무엇으로 길러낼 수 있을까요? 바로 독서입니다. '책'이라는 것 자체가 결국 이런 역량의 소산이니까요. 따라서 책을 거듭 읽다 보면 인간 고유의 역량이 자연스럽게 형성될 수밖에 없습니다.

패러다임의 전환이 필요한 독서

저는 이 책에서 독서의 의미를 과거 부모 세대와는 다른 관점에서 보고자 합니다. 이제 독서는 단순한 지식이나 정보 습득의 차원을 벗어나 새로운 세상에 필요한 역량을 기르는 도구가 돼야 합니다. 그래서 이 책 1장에서는 우선, 변화된 세상을 바라보고, 변화된 세상의 경쟁력인 독서의 의미를 재조명해볼 것입니다. 2장에서는 독서도 배우지 못하면 할 수 없음을 이해하고 독서를 제대로 배우기 위한 준비를, 3장에서는 장르별 독서 목표와 방법이 다름을 알고 장르별 독서 코칭을 해야 함을, 4장에서는 독서의 재미를 배가시키는 다양한 독서의 기술을, 5장에서는 경쟁력 있는 아이로 거듭날 방법은 독서뿐이며, 평생 독서가가 되기 위해서는 파트너가 필요함을 이야기하며 마무리할 것입니다.

교육 현장에서는 '독서'의 중요성에 대해 지겨울 정도로 강조하고 있습니다. 그만큼 독서가 중요하기 때문입니다. 그런데 아쉽게도 독서를 자신의 경쟁력으로 만들어내는 아이들은 쉽게 만날 수 없는 것이 현실입니다. 왜 그럴까요? 많은 부모가 독서의 본질을 외면한 채, 그저 습관처럼 책을 사주기 때문이죠. 구체적으로 설명하자면, 독서가 중요하다는 것은 알기 때문에 책은 사주지만 독서를 배워본 적이 없는 부모이기에 자녀가 올바른 독서를 할 수 있도록 이끌지 못하기 때문입니다. 또한, 부모나 아이가 책을 단순히 시험을 잘 보기 위해 한 번 풀고 버리는 문제집 정도로만 생각하기 때문입니다.

이제는 바뀌어야 합니다. 새로운 세상은 이미 우리의 현실이 되었습니다. 이제 무조건적인 교육열 대신 나만의 교육 철학을 가져야 할 때가 되었습니다. 옆집 엄마를 따라 바뀌는 전략이 아니라, 우리 아이를 중심에 놓고 소신 있게 밀어붙이는 나만의 전략을 가져보는 것은 어떨까요?

무엇이 사랑하는 아이를 위한 진정한 교육일까요? 독서의 본질을 깨닫고, 거기서 인간 고유의 경쟁력을 찾아 혁명을 일으켜 보세요.

새로운 세상에 필요한 독서 혁명은 우리 아이의 인생에 새로운 혁명을 일으킬 것입니다.

차
례

들어가며 _4

PART 1

융합사회와 독서의 진화코드를 이해하라

1. 공부하는 기계가 등장했다 _19

2. 정보보다 스토리텔링을 원하는 세상 _26

3. 공부의 진화코드, 창의융합교육을 잡아라 _32

4. 단순암기로 해결할 수 없는 서술·논술·구술 _38

5. 독서혁명은 시작됐다, 경쟁력은 독서력뿐 _44

6. '무엇'보다 '어떻게' 읽을 것인가에 주목하라 _51

＊인공지능 시대, 독서가 강력한 생존전략인 이유 5가지 _58

PART 2

독서혁명 하나, 독서도 배워야 할 수 있다

1. 독서를 배워 본 적이 없는 아이들 _63

2. 글자를 안다고 독서를 할 수 있을까 _69

3. 목표 없는 독서가 가짜 독서가를 만든다 _75

4. 독서의 시작과 끝은 어디일까 _81

5. 잘못된 독후활동이 책을 싫어하는 아이로 만든다 _88

6. 독서도 훈련이다 _94

7. 책은 장르마다 읽는 법이 다르다 _100

＊우리아이가 독서에 실패하는 7가지 이유 _106

PART 3

독서혁명 둘, 장르별 독서 코칭을 하라

1. 글보다 그림 읽기가 중요한 그림책 읽기 _111

2. 상상력과 창의성을 길러내는 창작 읽기 _119

3. 삶의 기준을 세워주는 전래·명작 읽기 _126

4. 공부의 첫 인상을 좌우하는 지식그림책 읽기 _133

5. 논리적 사고력을 훈련하는 수학·과학 읽기 _139

6. 삶의 나침반을 제시하는 역사·인물 읽기 _145

7. 좀 더 깊은 사고의 바다로 가는 고전 읽기 _153

8. 공부의 기본이 되는 교과서 읽기 _159

＊유아부터 초등까지, 성공하는 독서 로드맵 _165

PART 4

독서혁명 셋, 독서의 기술을 익혀라

1. 천천히 생각하며 읽기 _169

2. 반복 읽기 _176

3. 질문하며 읽기 _182

4. 쪼개고 나누어 읽기 _188

5. 낯설게, 남과 다르게 읽기 _194

6. 나라면 읽기 _201

7. 주제별 읽기 _207

8. 디지털 영상 읽기 _214

* 아이의 흥미를 부르는 독서 전략 7가지 _220

PART 5

독서 혁명은 엄마로부터 시작된다

1. 창의융합형 인재로 가는 비결은 독서다 _225

2. 독서를 빼 놓고 평생 공부를 말할 수 없다 _231

3. 평생 독서가 평생 경쟁력이다 _237

4. 엄마는 퍼스트 멘토! 최고의 독서 파트너! _244

* 평생 독서가로 키우기 위해 엄마가 꼭 해야 할 일 5가지 _250

PART 1

융합사회와 독서의
진화코드를 이해하라

1. 공부하는 기계가 등장했다

2. 정보보다 스토리텔링을 원하는 세상

3. 공부의 진화코드, 창의융합교육을 잡아라

4. 단순암기로 해결할 수 없는 서술·논술·구술

5. 독서혁명은 시작됐다, 경쟁력은 독서력뿐

6. '무엇'보다 '어떻게' 읽을 것인가에 주목하라

이제 독서는 취미도, 선택도 아닙니다. 기계에 대체당하지 않을 유일한 길입니다.
후지하라 가즈히로는 《책을 읽는 사람만이 손에 넣는 것》에서 "21세기에는 책을
읽는 사람과 읽지 않는 사람으로 양분되는 계층사회가 생겨날 것"이라고 했습니
다. 그만큼 독서는 새로운 세상의 생존을 담보하는 경쟁력이라는 뜻이죠.

01

공부하는
기계가 등장했다

그 누가 기계만큼 근면하고 성실할 수 있을까요?

전 세계를 상대로 전자상거래를 하는 기업, 아마존 아시죠? 2018
년 세계 최고의 부자에 열여덟 번이나 1위에 올랐던 마이크로 소프트
창업자 빌 게이츠(Bill Gates)를 제치고 아마존 창업자인 제프 베조스
(Jeff Bezos)가 뽑혔다고 합니다.

아마존의 물류창고를 한번 검색해보세요. 끝도 없이 펼쳐진 거대
한 물류창고에 입이 떡 벌어질 겁니다. 그런데 이상하게도 사람이 거
의 보이지 않습니다. 그럼 그곳에서는 누가 일하는 걸까요? 바로 사
람보다 성실하고 신속하고 정확한 로봇 '키바'가 일하고 있습니다. 키

바 시스템은 넓은 면적의 물류창고에서 사람이 직접 물건을 찾아다니는 수고를 덜어 비용과 시간을 감소시킬 뿐 아니라, 입·출고, 재고관리, 포장, 품질관리에 이르기까지 다양한 일을 처리하고 있습니다. 가히 '물류 혁신'이라고 말할 수 있습니다.

아마존의 한 관계자는 이렇게 말합니다.

"인간은 하루 8시간 이상 일하기 어렵고, 가끔 아프기도 하고, 정기적으로 휴가도 주어야 한다. 그러나 키바는 하루 24시간 일을 해도 전혀 문제가 없다."

밝음이 있으면 어두움도 있는 법입니다. 물류관리를 사람 대신 키바가 함으로써 아마존 물류창고에서 일하던 직원 대다수가 해고당했습니다. 그중 한 가정의 가장이자 두 아이의 아빠인 한 직원은 다음처럼 말했다고 하더군요.

"난 내 일자리가 이렇게 빨리 로봇에게 대체당할 줄 몰랐다."

사람이 로봇으로 대체되는 현상은 이미 우리 주변에서 비일비재하게 일어나고 있습니다. 그런데도 10년 후 아이들의 입에서 로봇에게 대체당할 줄 몰랐다는 말이 나온다면 과연 그 책임은 누구에게 있을까요?

로봇 호텔리어가 서비스하는 세상

　　최근 일본에서는 세계 최초로 로봇이 근무하는 호텔이 생겼습니다. 호텔 프런트에서는 공룡 로봇이 3개 국어에서 5개 국어까지 구사하며 손님들의 체크인을 도와주고 있지요. 또 청소 로봇은 호텔 구석구석의 청결을 책임지고, 호텔 라운지의 아름다운 수족관 안에는 로봇 물고기가 헤엄치고 있습니다. 객실 안에는 인공지능형 사물이 말만 하면 저절로 불을 켜고 끄고, TV를 조정합니다. 또 객실에 필요한 것을 프런트에 주문하면 1분 안에 로봇이 친절하게 인사를 하며 가져다줍니다. 입이 다물어지지 않을 지경이죠. 거짓말이 아닙니다. 현재 일본 치바현 헨나 호텔에서 벌어지고 있는 이야기입니다. 이 큰 호텔에 사람 직원은 매니저급 1~2명만 있을 뿐입니다.

　　호텔에서 사람 대신 로봇이 서비스하고 있다는 사실은 약간 충격적입니다. 호텔 산업은 서비스 산업, 즉 사람의 감성을 터치하고 만족시켜야 하는 3차 산업이기 때문이죠. 그런데 로봇이 3차 산업의 영역까지 넘보고 있습니다. 앞으로 사람의 일자리는 어디까지 로봇으로 대체당할까요? 우리 아이들이 성인이 되어 사회에 나갔을 때, 옆자리에 로봇 동료가 있지는 않을까요? 인간과 로봇의 경계가 이미 모호해지고 있습니다.

인간을 능가하는 인공지능 알파고와 왓슨

2016년 3월 인공지능 프로그램 알파고와 이세돌의 세기의 대결을 기억하시죠? 이 대결 덕분에 우리는 인공지능에 대해 조금은 눈을 떴죠. 이세돌과의 대결 이후에도 인공지능 알파고는 세계 바둑 고수들과의 대결에서 60연승을 이루었다는 소식을 들려주었습니다. 알파고는 우주의 원자 수보다 경우의 수가 많다는 바둑에서, 그것도 세계의 고수들을 상대로 승리를 이어가고 있는 것이죠.

최근 우리나라 일부 병원에서는 인공지능 의사 왓슨을 도입하여 인간 의사와 함께 진료 현장에서 일하도록 했습니다. 왓슨은 인간 의사보다 더 정확하게 암을 진단하고 처방하여 우리를 놀라게 했습니다. 우리는 이제 인간 의사보다 인공지능 의사를 더 신뢰해야 할 것 같습니다.

이게 어찌 된 일일까요? 인공지능 알파고와 왓슨에게 무슨 일이 일어난 걸까요? 바로 '빅데이터'를 이용하여 자가 학습을 하게 하는 '딥러닝' 기술이 알파고와 왓슨을 인간보다 더 똑똑하게 만들었기 때문입니다. 알파고의 승리는 바로 딥러닝 시스템의 승리라고 말할 수 있는 거죠.

스스로 공부하는 인공지능, 빅데이터와 딥러닝 시스템

　　4차 산업혁명의 주인공은 단연 빅데이터가 아닌가 싶습니다. 빅데이터란 '디지털 환경에서 생성되는 문자, 영상 등을 포함한 대규모 데이터'를 말합니다. 과거와 비교하면 그 종류와 양은 우리가 상상할 수 없을 정도이고, 초 단위로 무한정 쌓여가고 있습니다. 저를 포함해서 우리 모두는 빅데이터를 만드는 주인공이죠. 따라서 발빠른 기업에서는 이 방대한 빅데이터를 이용하여 우리의 행동과 생각, 의견까지 분석하여 다양한 산업에 활용하고 있습니다. 기계가 점점 똑똑해지고, 기계끼리 의사소통하여 인간이 살기 더욱 편리한 환경으로 바꿔가고 있죠. 이게 다 빅데이터 덕분입니다.

　　알파고나 왓슨 같은 인공지능은 이렇게 끊임없이 생성되는 빅데이터를 기반으로 24시간 자가 학습을 하도록 프로그래밍되어 있습니다. 이것을 '딥러닝 시스템'이라 하는데, 컴퓨터가 사람처럼 경험과 학습을 통해 스스로 배우도록 만든 프로그램입니다. 알파고는 인간의 세월로 치면 천 년 동안 바둑 훈련을 하고 이세돌 앞에 나타난 것과 다름없다고 하고, 왓슨은 매일 새롭게 쏟아지는 수백 편의 의학 논문을 스스로 공부하여 환자 앞에 나타난 것과 다름없다고 합니다. 그러니 인간이 어떻게 이들을 이길 수 있겠습니까?

　　날이 갈수록 강해질 수밖에 없는 인공지능, 인간이 이런 기계와 경쟁하고 시합한다는 것 자체가 말이 되지 않습니다. 이를 비유해서 알파고에게 유일하게 한 판을 이긴 이세돌은 "인간이 자동차와 달리기 시합을 해서 이길 수 없는 것과 마찬가지다"라고 말했습니다.

인간은 기계와 경쟁하지 않는다

이제 기계가 지능을 갖는 시대가 되었습니다. 지능은 그동안 인간만의 전유물이었죠. 지능을 갖춘 기계는 인간의 뇌가 작동하는 방식을 모방하여 스스로 인지하고 판단하고 추론하기 시작했습니다.

그런데 혹시 우리 아이들이 이런 지능형 기계와 경쟁하기 위한 능력을 기르고 있지는 않은가요? 세상의 변화가 교육의 변화보다 더 빠른 지금, 우리나라의 교육 현실은 어떻습니까? 많은 부모와 교육 관계자가 빅데이터와 경쟁시키고자 어려서부터 암기하는 두뇌를 만들고 있습니다. 그것도 무척 열심히요. 정답을 얼마나 빨리 찾을 수 있는가에 열을 올리는 우리의 교육은 마치 속도와 정확성을 길러 로봇과 경쟁시키려는 것처럼 보입니다. 로봇에게 결코 이길 수 없는 경쟁을 말이죠.

우리는 하루라도 빨리 변화된 세상을 이해하고 받아들여야 합니다. 그리고 이런 과학기술이 인간에게 미치는 영향을 깨달아야 합니다. 지금보다 훨씬 달라질 세상, 지금까지 경험해보지 못한 세상, 우리 아이들이 살아야 하는 세상을 예측하고 준비해야 합니다.

스스로 공부하는 기계와 경쟁하기보다는 아이들이 인간만의 유일한 가치를 찾고 기를 수 있도록 부모가, 기성세대가 고민해야 합니다. 인간은 기계와 경쟁할 필요가 없습니다. 그저 더 나은 삶을 위해 기계를 이용만 하면 됩니다. 그런 아이로 키워내야 할 책임이 우리에게 있습니다.

정보보다
스토리텔링을 원하는 세상

혹시 지능을 가진 컴퓨터가 우리와 우리 아이들을 위협한다고 느끼시나요? 2016년 1월에 열린 세계경제포럼에서는 2020년까지 인공지능 로봇 때문에 일자리 700만 개가 사라질 것으로 전망했습니다. 이런 소식을 들으면 우리 아이를 어떻게 키우는 것이 맞을까 막막해집니다. 부모라면 누구나 그럴 것이라고 봅니다.

하지만 이런 변화를 막을 도리는 없죠. 그렇다면 충격과 혼란 대신 관심을 지속적으로 가지면서 차분히 세상의 변화를 관찰해보는 것은 어떨까요. 인공지능 로봇과 공존하며 이 세상을 리드하는 인간의 역할을 분명히 찾을 수 있을 것입니다.

정보의 소유가 능력이 되지 못하는 세상

자, 그럼 인간의 고유한 가치를 찾기 위해 우리는 인공지능 등의 과학기술이 잘하는 것이 무엇인지 그리고 인간이 잘하는 것이 무엇인지를 알 필요가 있습니다. 결론부터 말하자면 과학기술은 정보에, 인간은 스토리텔링에 강점이 있습니다. 그리고 이 두 가지가 조화되어 세상은 발전합니다.

그런데 왜 우리는 그렇게 주입식 교육에 매달렸을까요? 왜 남보다 더 많은 지식을 암기하고 소유하기 위해 오랜 시간을 투자하고 많은 돈을 지불했을까요? 과거에는 지식의 소유가 곧, 경쟁력이었기 때문입니다.

컴퓨터가 지금처럼 발달하지 않았던 세상, 스마트폰이 없었던 세상, 네이버, 구글, 위키피디아가 없었던 세상, 그런 세상에서 지식, 다시 말해 정보를 남보다 많이 소유하는 것은 큰 경쟁력이었습니다. 따라서 핵심적인 정보는 특정 기관이나 전문가만이 독점하여 그 가치를 더욱 높였습니다. 일반인이 접근하기 어려운 특별한 정보의 소유와 독점이 부와 지위의 독점으로 이어졌던 거죠.

그런데 지금은 어떤가요? 컴퓨터와 인터넷의 비약적인 발달과 대중화, 내 손안의 컴퓨터인 스마트폰과 SNS(Social Network Service)의 발달 등을 생각해보세요. 그동안 부와 사회적 지위를 보장했던 정보를 현재는 누구나 너무도 쉽게, 공짜로, 초스피드로 구할 수 있다는 사실에 공감하실 겁니다. 따라서 오늘날 인터넷에서 언제든지 몇 초 안에 얻을 수 있는 지식은 이제 경쟁력이 없습니다.

그러므로 기성세대가 목숨처럼 중요하게 여겼던 학벌, 즉 지식을 남보다 더 소유했다는 보증수표 역할을 했던 대학 졸업장이 과연 우리 아이들에게 여전히 유의미한지 생각해봐야 합니다. 상황이 이런데도 교육 현장 곳곳에서는 여전히 주입식 교육에서 벗어나지 못하고 있으니 답답할 노릇입니다.

딥러닝 시스템을 갖춘 인공지능의 능력은 한계가 명확한 인간의 기억력, 암기력과는 차원이 다릅니다. 그러므로 우리는 빈약한 암기력에 의지할 것이 아니라, 이런 능력에 특화된 도구를 이용해서 삶과 세상을 어떻게 바꿀 것인가에 초점을 맞춰야 합니다. 네이버가 할 일은 네이버에 맡기고, 우리는 인간의 역할을 찾는 게 마땅하지 않을까요? 하지만 우리는 아직도 우리의 역할을 정확히 찾지 못하고 헤매고 있는 것 같습니다.

사람의 감성을 자극하는 스토리

네이버, 구글, 위키피디아, SNS 등의 등장으로 단순 정보의 가치는 급속도로 떨어졌습니다. 따라서 인간은 정보 습득을 넘어 다음 단계로 나아가야 합니다. 그것은 무엇일까요? 정보를 연결하여

28

자신의 의도에 맞게 해석하고, 그것을 나만의 이야기로 만들어 세상과 공유할 수 있는 단계, 바로 스토리를 다루는 단계입니다.

여러분은 초코파이 하면 무엇이 떠오르나요? 대한민국 국민이라면 비슷한 생각과 정서가 있을 것 같은데요. 情(정)이라는 한자와 함께 따뜻한 느낌의 광고 장면이 떠오르지 않나요? 이사하는 아이가 경비원 아저씨에게 감사한 마음을 전달하며 초코파이 하나를 내미는 장면, 할머니 집에 온 손자가 오랜만에 와서 죄송하다며 머쓱하게 초코파이 하나를 내미는 장면 말이죠. 박카스 광고도 한번 떠올려보시기 바랍니다. 노동자, 수험생 등이 땀 흘리고 노력하는 모습과 함께 그들에게 박카스 한 병이 건네지는 훈훈한 장면이 떠오를 것입니다. 이런 광고는 왜 상품 광고일 뿐인데 우리의 마음을 움직였을까요? 바로 스토리텔링을 이용한 감성 마케팅이 인간의 본성을 건드렸기 때문입니다.

그런데 단순한 상품 정보를 가지고 접근했다면 어땠을까요? 초코파이나 박카스의 성분, 열량, 효능 등의 사실만을 가지고 다가왔어도 지금 우리가 가진 상품에 대한 이미지와 느낌을 줄 수 있었을까요? 지금처럼 많은 사람에게 지지를 받았을까요?

인간은 타고난 스토리텔러

정보 자체만으로는 우리의 흥미와 감성을 자극하지 못합니다. 인간은 본래 이야기꾼이기 때문입니다. 원시 시대부터 지금까지 인간은 자신을 비롯한 모든 것을 스토리로 만들어 대대손손 전달해왔죠. 우리는 태어나서 죽을 때까지 스토리로 타인과 관계 맺습니다. 여러분 자신의 모습을 떠올려보세요. 매일 반복되는 인생 같지만, 특별한 스토리가 여기저기에 깃들어 있지 않나요? 사랑 이야기, 군대 이야기, 출산 이야기, 자녀 이야기, 시댁 이야기 등 희로애락의 스토리가 얽히고설켜 있죠.

복잡한 내용도 스토리로 엮어내면 이해도 빠르고 기억도 더 잘됩니다. 그렇기 때문에 비즈니스 세계에서도 항상 스토리를 가지고 기업이 기업에게, 또는 기업이 소비자에게 다가가려 하는 것입니다.

개인은 어떤가요? 우리 모두 열렬한 스토리텔러 아닌가요? 온라인의 발달로 개개인이 인터넷 카페, 블로그, SNS 등을 통해 매일 스토리를 구현하고 공유하고 있지요. 그것이 인간의 본능이기 때문입니다. 다시 말해, 인간만이 가진 고유성인 거죠.

과학기술은 인간에게 매일 정보를 무한히 제공해주고 있어요. 딥러닝 시스템을 갖춘 인공지능은 정보를 분석하고 추론까지 합니다. 그동안 인간의 영역이었던 부분을 과학기술이 해내고 있는 거예요. 우리는 이제 방향을 바꾸어 인공지능과 차별성을 가져야 합니다. 인간은 인공지능이 가진 정보를 이용하여 맥락을 만들고 스토리로 엮어 자신과 타인의 감정에 호소하는 능력을 길러야 합니다. 스토리텔링은 인간의 본능입니다. 이 본능에 더 집중해야 합니다. 그래야 인공지능과 차별화될 수 있겠죠.

세상은 인공지능이 발달할수록, 컴퓨터가 발달할수록 정보를 이용하여 새로운 스토리로 구현해내는 인간의 능력을 더 요구할 것입니다. 따라서 스토리를 만들어내는 능력을 키우는 것이 바로 새로운 세대의 교육이 돼야겠죠.

스토리를 만들어내는 능력은 어려서부터 다양한 스토리를 많이 접해야 길러집니다. 또 타인과 스토리를 공유할수록 스토리텔링 능력은 더 발전합니다.

스스로 공부하는 인공지능 때문에 걱정이 앞서는 것은 사실이겠지만, 막연히 걱정만 하기보다는 아이와 마주앉아 이야기 한 자락 펼쳐보시는 건 어떨까요. 그러는 사이 아이의 내면에 잠재된 스토리텔링 능력은 조금씩 깨어날 것입니다. 인지과학자인 로저 생크(Roger Schank)는 다음과 같이 말합니다.

"인간은 선천적으로 논리를 이해하는 데 이상적이지 않다. 인간은 선천적으로 스토리를 이해하도록 만들어져 있다."

03

공부의 진화 코드,
창의융합교육을 잡아라

　과학기술의 발달은 인간 세상의 생태계를 본질적으로 바꾸고 있어요. '지각변동'이 일어난다고 표현하죠. 우리 아이들이 살아야 할 세상은 인류가 한 번도 경험해보지 못한 생태계라는 거죠. 그러니 교육이 혼란을 겪고 있는 것도 당연합니다. 세상에 나갈 준비를 도와주는 것이 교육인데, 그 세상이 어떻게 바뀔지 예측하기 어려우니 교육이 혼란스러운 것은 당연하지 않은가요?

공장형 인간을 양성했던 학교

현시점에서 공교육이든, 사교육이든, 가정교육이든 교육은 변화가 필요합니다. 세상의 기준이 바뀌고 있는데 우리는 왜 여전히 과거의 기준에 갇혀 있는 걸까요? '대학 졸업'이라는 학벌이 부모 세대처럼 경쟁력이 되지 못하고 있는데, 왜 너도나도 대학 입시 준비에 10년 이상을 올인하는 걸까요? 뭔가 잘못된 거 아닌가요? 더 큰 학문에 뜻을 가진 아이, 자신의 진로를 정확히 찾아 공부를 심화하고자 하는 아이가 대학에 가야 마땅한 거 아닌가요? 대학 말고 다른 곳에서 자신의 가치를 발견했다면, 그것 또한 똑같이 인정받아야 마땅한 게 아닐까요?

이제 세상은 '학력'보다 '실력'을 원하고 있음을 알아야 합니다. 공교육을 무조건 비난하자는 것은 아니지만, 공교육에 대한 비판적인 시각은 지금 꼭 필요하다고 봅니다.

지금 우리가 시행하고 있는 공교육, 즉 학교교육이 시작된 계기는 우리의 상식과는 좀 거리가 있습니다. 학교는 당시 후진국이었던 프러시아(프로이센)가 강대국으로 발돋움하고자 군사력과 경제력을 키우기 위해 전략적으로 만든 기관이었습니다. 다시 말해, 군인과 공장에서 필요한 노동자를 양산하기 위해 만든 기관이 학교입니다.

그러므로 학교는 표준 매뉴얼에 따라 정해진 일과 시키는 일만 잘하면 되는 사람으로 교육하는 것이 목적이었습니다. 지금 세계적으로 반성의 대상이 되고 있는 '주입식 교육'은 이렇게 시작되었습니다. 그리고 학교는 주입식 교육을 통해 스스로 생각할 필요가 없는 인간을 키워 냈죠.

1·2차 세계대전 후 영국은 프러시아의 학교교육을 모델로 삼아 의무교육, 공교육으로 제도화했습니다. 일제강점기에 일본 역시 프러시아 학교를 그대로 받아들여 우리나라에 정착시켰고, 일본을 패망시킨 미국은 영국의 공립학교 제도를 기반으로 한 자국의 공립학교 제도를 우리나라에 전파했습니다.

이렇게 우리의 의지와 상관없이 우리나라에 학교교육 시스템이 들어왔고, 지금까지 약간의 형태만 바뀌며 면면히 이어져 오고 있습니다. 공장 노동자와 군인을 양성하던 획일적인 교육 시스템이라는 본질을 그대로 간직한 채 말이죠.

이런 학교교육은 현대 사회에 이르기까지 오랫동안 유효했던 시스템이었기 때문에 지금까지도 당연시되고 있습니다. 그러나 지금은 어떤가요? 디지털 세상에 태어난 아이들의 개성은 너무 다양해 획일성이 통하지 않고, 협력과 소통의 문화가 대세가 되고 있는 세상에서 일방적인 주입식 교육은 아이들에게 점차 외면당하고 있죠. 따라서 학교는 변화의 소용돌이에 놓이게 되었습니다. 학교가 변하지 않으면, 교육에 대한 가치관이 다른 부모나 아이들이 학교를 선택하지 않을 수도 있어요. 획일적이고 일방적으로 지식만을 전달하는 곳이 학교라면, 꼭 학교가 아니어도 지식을 얻을 곳은 많으니까요.

제가 이런 이야기를 먼저 꺼낸 것은 왜 교육이 변해야 하는지 부모가 먼저 인식을 해야 새로운 교육을 수용할 수 있기 때문입니다. 그래야 아이들이 미래의 삶을 살아가는 데 필요한 교육의 수혜를 입을 수 있습니다.

창의융합교육의 세 가지 특징

현재 우리나라는 스팀(STEAM)교육, 창의융합교육을 공교육에 도입하여 새로운 전환점을 맞이하고 있습니다. 그런데 하도 교육 제도가 수시로 바뀌니 이번에도 또 그중 하나겠지 하고 부모의 관심과 호응을 얻지 못하고 있는 것 같습니다. 융합교육은 이전의 교육 제도와 그 본질을 달리하고 있는데도 말이죠.

공교육은 그동안 과목을 뚜렷이 분리한 분과 형태의 교육을 해왔죠. 분업 사회였으니까요. 그러다가 7차 교육과정에서는 초등과정의 바른 생활, 슬기로운 생활, 즐거운 생활 등과 같은 통합교육으로 진화시켰고, 7차 개정교육안으로 융합(STEAM)교육을 도입했습니다. 요즘엔 '창의융합교육'이라고 말하는데 결국 다 같은 말이죠.

창의융합교육은 진화된 세상과 맞물려 변화된 새 교육 키워드예요. 그러니 자녀를 양육하는 부모라면 적극적으로 이해하려고 노력해야 변화하는 세상에 맞는 자녀를 키울 수 있겠죠. 창의융합교육에 대해서는 세 가지 본질적 특성을 이해하시길 바랍니다.

　첫째, 연결성입니다. 우리는 앞서 정보와 스토리텔링을 살펴보았습니다. 이를 통해 정보, 사실적 지식이 중요한 세상이 아니란 걸 이해했죠. 앞으로는 정보보다 스토리텔링이 경쟁력이 되는 세상인데, 그 스토리텔링의 힘은 정보를 가지고 얼마나 다양하게 연결할 수 있느냐, 자신만의 맥락을 가지고 연결해서 스토리화할 수 있느냐가 관건입니다. 창의융합교육에서 연결성은 그야말로 가장 기본적인 요소라고 할 수 있습니다.

　따라서 교육 방향이 분과 형태에서 주제별 형태로 변한 것입니다. 얼핏 보면, 학년이 올라갈수록 과목으로 분리된 듯 보이나 내용을 분석해보면 한 가지 주제에 다양한 정보를 연결해 지식정보의 맥락적 해석을 원하고 있음을 알 수 있죠.

　둘째는 실용성입니다. 잘 생각해봅시다. 기계가 스스로 공부하고 있어요. 게다가 네이버, 구글, 위키피디아가 정보를 무차별하게 쏟아내고 있구요. 이런 마당에 지필 시험을 보기 위해 이론적 지식을 암기하는 것이 무슨 소용이 있겠습니까. 오늘날, 그리고 앞으로는 실용성이 곧 경쟁력입니다. 정보를 이용해서 아이디어, 제품, 작품으로 실용화할 때 그 정보가 의미 있습니다. 따라서 교과에서는 지식을 이용한 생활 속 사례를 중요하게 여기고 있으며, 7차 개정교육의 2015교육과정에서 경험교육, 탐구교육을 강조한 것입니다.

셋째는 창조성입니다. 창의융합교육의 실질적인 목표이기도 해요. 지식을 연결해서 실용적으로 새로움을 창조해내는 것, 이것이 인공지능과 차별된 인간의 역량이기 때문입니다. 특히 창조성에서 편견을 버려야 할 것은 무에서 유를 창조한다는 생각입니다. 현대 사회의 창의성은 기존의 것을 재편집, 재해석, 재명명하는 것을 말합니다. 하늘 아래 새로운 것은 이제 없기 때문이죠.

이렇게 우리나라의 창의융합교육에서는 연결성, 실용성, 창조성이란 세 가지 본질을 바탕으로 협업, 소통과 공감, 비판적인 사고력, 창의성의 네 가지 역량 양성을 목표로 두고 있습니다.

어떠세요? 이전의 공부와 차이점이 느껴지시나요? 그렇다면 우리가 그동안의 교육에서 가져가야 할 부분은 무엇이며 버려야 할 부분이 무엇인지 선택해야 합니다. 단순 암기, 문제풀이 능력, 주입, 일방성, 무조건적인 순응, 정답 등 공부를 수동적인 기술로 바라보는 태도는 이제는 버려야 하지 않을까요? 그 대신 내 생각과 의견, 질문, 대화, 비판적인 태도, 호기심과 탐구심 등은 더욱 개발해나가야겠죠.

그러려면 교육의 대상인 아이보다 양육자의 가치관과 태도가 먼저 바뀌어야겠죠. 우리 아이를 창의융합형 인재로 길러 미래사회에서 경쟁력을 가지게 하는 것은 모두의 바람일 겁니다.

그러므로 우리는 아이가 공부 기술을 연마하도록 할 것인지, 공부의 본질적인 역량을 기르도록 할 것인지 지금 결단해야 합니다.

04

단순암기로 해결할 수 없는
서술·논술·구술

　원시시대부터 지금까지 인류문명은 얼마나 발달해왔을까요? 인류가 이루어낸 것을 들여다보면 감히 열거할 엄두가 안 나죠. 더불어 우리는 과거에 비해 얼마나 복잡한 환경에서 살고 있나요? 한때 의식주 문제만 해결되면 행복한 세상도 있었지만, 지금은 어떤가요? 물론 지역에 따라 아직도 이런 문제로 고통받고 있기는 하지만, 과거에 비하면 의식주 문제와는 다른 차원의 문제가 우리를 압박하고 있죠.

　얼마 전 지진과는 상관없어 보였던 우리나라에 지진이 일어나 수능시험이 연기되는 사태까지 벌어졌습니다. 이제 우리나라도 지진의 안전지대가 아닌 것 같습니다. 이뿐만이 아닙니다. 최근 미세먼지 때문에 외출이 꺼려지신 적이 있나요? 우리가 언제부터 미세먼지 지수를 체크하고 외출할지 말지 결정했을까요? 출산율 하락도 큰 문제입니다. 출산율이 이대로 가면 100년 후에 대한민국 인구가 현재의 반토막이 될 것이라는 연구도 있습니다.

이와 같은 문제는 과거에는 나타나지 않았던 새로운 문제입니다. 이렇게 예측하지 못했던 문제가 수시로 등장하는 데 정해진 답을 외우는 게 무슨 의미가 있을까요?

정답이 없는 시대, 정답이 통하지 않는 세상

흔히 이런 시대를 정답이 없는 시대라고 합니다. 수시로 등장하는 불특정한 문제는 누가 정답을 쥐고 있는 것이 아니라는 겁니다. 지금보다 문제가 단순했던 과거에는 집에서는 부모가, 학교에서는 교사가, 사회에서는 상사가 정답을 가지고 있었습니다. 그러므로 정답을 갖고 있던 그들은 자녀에게, 학생에게, 부하 직원에게 지시하고 명령하며 군림했습니다. 그리고 그것이 통했습니다. 성실하게 위에서 하라는 대로 하면 성공이 보장됐으니까요.

그러나 지금은 부모, 교사, 상사의 과거 경험과는 다른 문제가 속출하고 있고, 그들조차 해답을 찾지 못해 헤매고 있습니다. 이제는 부모에게, 교사에게, 상사에게 정해진 답을 구하기보다는 각자의 방법으로 그리고 서로 협조하며 새로운 문제를 해결해야 합니다.

그런데도 성장기에 하나의 정답만을 찾는 훈련을 지속해서 받으면 어떻게 될까요? 스스로 문제를 해결하는 경험을 해보지 못한 채 부모나 교사가 주입하는 정답만을 가지고 사회에 나간다면 어떻게 될까요? 미래에 그런 아이들이 설 자리가 남아 있을까요? 정답대로 하는 일은 이미 아마존의 키바와 같은 로봇이 잘 해내고 있지 않나요? 이제 가정과 학교는 정답 문화, 지시와 강요의 문화에서 벗어날 필요가 있습니다. 즉, 새로운 훈련이 필요하다는 거죠.

세계적으로 교육열 하면 유대인과 우리나라 부모를 꼽습니다. 그런데 유대인과 대한민국 학교 교실의 풍경은 무척 다릅니다. 우리나라 교실에서 교사가 가장 많이 하는 말은 뭘까요? "조용히 해! 시끄러워! 떠들지 마!"입니다. 반대로 유대인의 교실에서는 수업시간 내내 이런 말이 끊이질 않습니다.

"마아따 호셰프(네 생각은 어떠니)?"

더 이상 정답이 통하지 않는 세상입니다. 정답을 주입하는 대신 아이의 생각을 물어보고 그들의 대답을 들어주는 교육이 진정 필요하지 않을까요? 해답은 아이들 스스로 찾을 테니까요.

정답 대신 독창적인 의견과 근거, 서술 · 논술 · 구술

최근에는 정답을 암기하는 교육 대신 생각을 자극하는 질문과 토론 교육이 세계적으로 자리잡고 있습니다. 우리나라에서도 많은 관심을 받고 있는 유대인의 하브루타 토론교육은 오늘날 유대인의 눈부신 성과의 뿌리라 일컬어집니다. 이웃 나라 일본은 2020년 객관식 대입 시험을 없애고 논술형 대입 시험인 국제 바칼로레아를 도입하기로 했습니다. 미국이나 영국의 고등학교나 대학교에서는 일찌감치 토론교육에 열을 올리고 있습니다.

우리나라도 개정교육에서는 창의융합교육과 더불어 서술·논술·구술형 시험을 늘려가고 있습니다. 최근에는 정답을 고르는 객관식 시험을 없애는 추세가 강합니다. 서술·논술·구술에서 추구하는 것은 획일화되고 정해진 답이 아니죠. 주어진 문제에 대한 자기 생각이나 의견, 근거입니다. 다음 질문을 한번 보세요.

[질문 1]
한글을 창제한 조선의 임금은 누구입니까?

이 질문은 단순 암기력을 테스트하는 것이지 생각을 테스트하는 것이 아닙니다. 지금까지 이런 형태의 공부를 지속해왔고, 아직도 이런 식의 공부를 한다면 인터넷의 검색 기능과 경쟁하고 있는 것과 다를 바가 없습니다. 그러면 이런 문제는 어떨까요?

> [질문 2]
> 조선의 제4대 왕 세종은 한글을 창제했습니다. 한글을 만들 당시 세종의 마음은 어떤 마음이었을지 자신의 경험에 비추어서 이야기해보세요. 또 백성은 이런 임금의 마음을 어떻게 헤아릴 수 있었을까요? 한글 창제와 연관 지어 생각해보고 글을 써 보세요.

[질문2]는 암기된 지식으로 말하거나 쓸 수 없어요. 자신이 세종의 입장이 되어 그 마음을 이해하고 느낄 수 있어야 답할 수 있습니다. 구체적으로는 자신의 경험을 떠올려 그것과 연관 짓고, 정제된 말이나 글로 요약하여 표현할 수 있어야 합니다. 단순 지식이 아니라 세종이 살았던 시대적 배경이나 세종이라는 인물에 대한 정보, 사람의 마음과 공감하는 능력 등을 연결해서 맥락적으로 해석하여 자신의 의견으로 도출하는 능력이 필요한 거죠. 다시 강조하건대 정보가 아니라 스토리텔링이 필요한 것입니다.

수학과 같은 과목도 매한가지입니다. 수학은 정해진 답이 하나인데 무슨 의견이 필요하냐고 반문할 수도 있습니다. 그렇다면 다음 문제를 보세요.

[질문 3]
5/2 ÷ 7/3의 풀이법을 말하시오.

보기에는 간단한 문제 같지만, 이 문제의 출제자는 풀이법에 대해 학생이 대답할 때마다 왜 그런지 되묻습니다. 수학의 개념을 본질적으로 파고들기 위해서입니다. 자신만의 창의적인 풀이법은 곧 자신만의 독창적인 의견이라 할 수 있습니다. 물론 의견만으로 끝나서는 안 됩니다. 그에 대한 근거를 가지고 상대를 설득할 수 있어야 하는 거죠.

서술·논술·구술은 생각 싸움입니다. 자신만의 생각을 해본 적이 없고 그 생각을 타인과 공유해본 적이 없는 아이들은 엄두도 못 낼 일이죠. 머리 싸매고 문제집만 풀고, 정답만 죽어라 외운 아이들은 피하고 싶은 문제일 것입니다.

서술·논술·구술 같은 생각하는 시험에 대처하기 위해서는 일상에서 오랫동안 훈련이 필요합니다. 우리 아이 손에 문제집을 들려주기보다 얼굴을 마주 대하고 "네 생각은 어떠니?", "왜 그렇게 생각한 거니?"라고 물어봐주고 차분히 아이의 생각을 기다려줘야 합니다.

인공지능이 아무리 똑똑해도 사람처럼 자신만의 생각을 가질 수는 없습니다. 우리 아이들은 인공지능과 함께 살고, 그것을 이용해야 합니다. 그러려면 자신만의 독창적인 생각과 의견을 길러야 해요. 정답을 찾아내는 문제집만 풀어서는 결코 길러질 수 없는 능력입니다.

05

독서혁명은 시작됐다,
경쟁력은 독서력뿐

우리는 앞에서 우리가 어떤 세상에서 사는지 살펴보았죠. 나무보다는 숲을 바라보는 관점에서 말이죠. 우리는 과학기술 덕분에 과거에는 상상도 못한 풍요와 안락함을 누리고 있어요. 그런데 과학기술의 눈부신 발달이 우리 아이들에게 어떤 영향을 미칠지에 대해서는 인식이 부족한 것 같아요. 물론, 시공간에 한계가 있는 인간인지라 자신이 경험하지 못한 세계에 대해서는 무지할 수밖에 없기도 하죠. 그래서 세상은 숨가쁘게 변하는데 우리의 사고방식은 늘 해왔던 방식대로 움직이는 겁니다.

그 와중에 여기에서 변화하는 세상을 논하고, 그 세상에서 필요한 경쟁력이 무엇인지 고민하고, 미약하나마 대책을 세워보고자 하는 것은 다름 아닌 우리 자녀들 때문입니다. 우린 모두 부모이니까요. 엄마, 아빠이니까요.

인간 고유의 소프트 역량을 길러내는 독서

앞서 숲 전체를 바라보았으니 이제는 어떤 나무가 그 숲에서 살아남을지 볼 수 있어야 합니다. 인터넷 사회학자 하워드 레인골드(Howard Rheingold)는 "로봇이 인간을 위해 남겨둘 일자리는 사고와 지식을 필요로 하는 일자리가 될 것이다."라고 했습니다. 여기서 지식이란 맥락적 지식을 의미하는 거겠죠.

스스로 공부하는 인공지능 알파고와 왓슨이 우리를 충격에 빠뜨리기도 했지만, 알고 보면 그것은 인간이 프로그래밍한 컴퓨터에 불과합니다. 아마존의 키바가 우리의 일자리를 빼앗고 있으나, 키바는 인간이 시키는 일만 하는 로봇일 뿐입니다.

알파고와 왓슨, 키바를 만들어낸 것은 인간입니다. 인간은 어떻게 알파고와 왓슨, 키바를 만들어냈을까요? 여기서 우리는 인간의 고유한 역할을 찾아낼 수 있습니다. 인간은 상상하고, 생각하고, 느끼고, 협업하고, 소통하고, 공유하고, 창조합니다. 로봇, 인공지능, 자동화 시스템, 알고리즘은 우리의 노동을 대신할 뿐이죠. 그렇다면 이제 교육은 눈에 보이는 외형적인 측면보다 눈에 보이지 않는 내면적인 측면, 즉 감성과 사고력, 인성을 기르고 발전시켜야 마땅합니다. 어떻게 요? 바로 독서를 통해서입니다. 이제는 독서가 교육 그 자체가 되어야 한다고 생각합니다.

이제 독서는 취미도, 선택도 아닙니다. 기계에 대체되지 않을 유일한 길입니다. 후지하라 가즈히로는 《책을 읽는 사람만이 손에 넣는 것》에서 "21세가에는 책을 읽는 사람과 읽지 않는 사람으로 양분되는 계층사회가 생겨날 것"이라고 했습니다. 그만큼 독서는 새로운 세상의 생존을 담보하는 경쟁력이라는 뜻이죠.

정보의 옥석을 가려내는 능력은 독서로부터

독서가 생존을 담보하는 경쟁력인 이유를 살펴볼까요? 새로운 과학기술은 부모 세대의 경쟁력이었던 정보를 보편화시키기에 이르렀습니다. 인터넷 검색 창에 키워드를 치면 수많은 정보가 공짜로 쏟아져나오죠. 그런데 혹시 그 정보의 신뢰성에 대해 진지하게 생각해보신 적이 있으신가요?

컴퓨터는 정보의 양이나 속도 면에서 인간이 따라잡을 수가 없습니다. 그러나 컴퓨터는 정보의 진위나 질을 판별하지는 못합니다. 인터넷에는 출처가 불분명한 정보가 넘쳐흐릅니다. 요즘엔 마케팅 수

단으로 정보를 각색하기까지 합니다. 따라서 이제는 정보 자체의 경쟁력보다는 정보의 옥석을 가려낼 수 있는 비판적 사고력이 중요해지고 있는 거죠.

끊임없이 쏟아져 나오는 정보의 옳고 그름을 구분할 수 있는 비판적 사고력은 어떻게 기를 수 있을까요? 비판적 사고력은 요즘 교육에서도 많이 강조하고 있는 키워드인데, 그 해답은 바로 독서입니다. 책은 인터넷보다 출처가 분명한 정보들로 이루어져 있습니다.

책에는 저자 이름이 반드시 들어가니 저자가 허투루 정보를 제공하지 않습니다. 책의 저자는 이렇게 출처가 분명한 정보를 가지고 독자를 설득하기 위해서 다양한 근거를 제시합니다. 따라서 독서를 많이 할수록 지식이나 정보의 옳고 그름을 구분하는 실력이 늘어나는 것입니다.

요즘은 선택지가 너무 많아서 괴로운 세상입니다. 하지만 정확한 근거가 있는 정보를 이용하면 선택은 빠르고 확실해지죠. 디지털 사회로 진화할수록 왜 독서를 하지 않으면 안 되는지 이제 아시겠지요? 디지털 네이티브로 태어나서 자라는 아이들이 독서를 통해 비판적인 사고를 기르지 못한다면 정보의 바다에 빠져 허우적거릴 가능성이 높습니다.

그러므로 이제 아이들은 정보의 바다에서 그 타당성과 옥석을 가려낼 줄 아는 힘을 평생 독서를 통해 끊임없이 길러야 하는 거죠.

이론보다 실용성을 키우는 독서

정보의 옥석을 볼 줄 아는 비판적인 사고력이 생겼다면 이제는 그 정보를 맥락화하고 재해석해서 스토리텔링으로 나아가야 합니다. 창의융합교육의 세 가지 본질을 기억하시나요? 연결성, 실용성, 창조성이었죠. 정보를 스토리화하는 능력이 바로 지식을 유의미하게 연결해서 실용적으로 재창조하는 능력입니다. 결국 스토리텔링이나 창의융합교육은 지식을 연결하는 능력, 아이디어로 실용화하는 능력, 그리고 재구성, 재창조, 재명명하는 능력을 키우는 것인데요, 이런 능력을 훈련할 수 있는 도구는 독서뿐입니다. 책이란 바로 이런 능력으로 만들어낸 결과물이기 때문이죠.

책을 쓰기 위해 저자는 주제에 맞는 정보를 구분하고 수집하여 자신의 의도에 맞게 연결하죠. 그리고 연결된 정보를 이용하여 자신의 의견을 만들고 그 의견에 대한 타당한 근거를 제시합니다. 즉, 연결된 정보를 실용화하여 한 권의 책으로 창조해내는 것입니다. 책은 지식과 정보를 연결하고 편집해서 스토리텔링으로 실용화한 대표적인 창작물입니다.

따라서 이런 책을 지속해서 읽게 됨으로써 지식을 연결하는 능력, 실용화하는 능력, 창조하는 능력이 자연스럽게 길러지는 겁니다. 이것이 바로 독서가 생존을 담보하는 경쟁력인 이유입니다.

프레젠테이션 경쟁력을 키우는 독서

최근 정답을 찾는 훈련만 받은 아이들이 개정교육에서 가장 곤혹스러워 하는 것이 자기 생각과 의견을 말하고 쓰라는 것입니다. 자신의 의견을 말해보라고 했을 때 간혹 울먹이며 이렇게 말을 하는 아이도 있어요.

"선생님, 정답을 모르겠어요."

자기 생각, 의견에 정답이라니요? 혹시 우리 아이의 모습은 아닐까요? 왜 이런 일이 일어날까요? 생각을 해본 경험이 없기 때문이죠. 자신만의 의견을 말해본 적도 없고, 들어준 사람도 없었던 거죠. 부모조차도요.

자기 생각과 의견을 표출하는 능력은 꾸준한 훈련이 필요합니다. 서술·논술·구술시험으로 단련된 능력은 사회로 진출했을 때 프레젠테이션 능력으로 발전됩니다.

현대사회는 어떤 사회인가요? 자신을 노출하는 사회입니다. 다양한 SNS의 발달만 보더라도 알 수 있죠. 온라인뿐 아니라 오프라인에서도 마찬가지지요. 개인적인 관계에서나 사회적인 관계, 그리고 비즈니스 관계에서 자신과 자기의 일을 알리는 프레젠테이션 능력은 필수입니다.

그러면 학교에서는 서술·논술·구술시험을, 사회에 나가서는 프레젠테이션 능력을 남다르게 발휘할 수 있는 좋은 방법이 있을까요?

있습니다. 바로 독서입니다. 자기 생각을 주제에 맞게 논리정연하게 프레젠테이션하고 있는 매체가 바로 책입니다. 책을 읽다 보면 저자의 생각, 논리, 말투 등을 모방하게 되고, 나아가서는 그것을 자기화하게 됩니다.

독서는 학교에서 서술·논술·구술시험에 당황하지 않도록, 사회에서 프레젠테이션에 당당히 설 수 있도록 롤플레잉하는 가장 적합한 도구입니다.

과학기술 없이는 한시도 살아갈 수 없는 세상입니다. 그런데 과학기술은 하루가 다르게 발전하고 있습니다. 그러므로 우리는 이 세상에서 살아남을 수 있는 경쟁력이 과연 무엇인지 바로 볼 수 있어야 합니다. 앞서 살펴보았듯이 그것은 바로 독서입니다.

새로운 세상을 보는 부모들은 발을 떼기 시작했죠. 길을 잃기 쉬운 세상에서 우리 아이의 나침반이 되어줄 독서, 독서혁명은 이제 시작입니다.

06
'무엇'보다
'어떻게' 읽을 것인가에 주목하라

　　과학기술의 발달은 생활의 편리함을 줄 뿐만 아니라 인간의 수명
도 늘리고 있습니다. 그에 따라 우리는 건강하게 오래 사는 법에 관
심이 늘어날 수밖에 없겠죠. 그래서인지 요즘 건강식품에 대한 정보
가 참 많습니다. 그 정보 중의 하나가 '효능'에 관한 것이죠. 효능이란
좋은 결과를 나타내는 능력입니다. 그러니까 어떤 음식이나 약을 먹
을 때 어떤 결과가 나타나는지 알려주는 정보가 효능에 관한 것인데
요.

　　예를 들어 '사과 효능'이라고 검색하면 다양한 정보가 검색됩니
다. 좀 들여다볼까요? 폐 기능 향상, 혈관 질환 예방, 뇌졸중 예방, 피

로해소, 치아 미백 효과 등등. 마치 만병통치약 같죠? 그럼 이렇게 좋은 효능을 많이 가지고 있으니 사과를 마음껏 먹기만 하면 될까요? 물론 아니죠. 사과라는 음식이 몸에 좋은 결과로 나타나게 하려면 각자 체질에 맞게 먹어야 하죠.

이처럼 건강하게 살기 위해서는 '무엇'을 먹는가도 중요하지만 '어떻게' 먹느냐가 더 중요합니다. 아무리 효능이 좋은 음식이나 약이라도 먹는 방법을 정확히 지키지 않으면 자칫 독이 될 수도 있는 거니까요.

약이 되는 독서와 독이 되는 독서

부모라면 아이에게 있어 독서가 얼마나 중요한지 귀에 못이 박히도록 들으실 겁니다. 《독서하는 뇌》의 저자 매리언 울프(Maryanne Wolf)는 "책은 인류 역사상 가장 위대한 발명품이다."라고 했죠. 동의합니다. 그런데 문제는 대부분 부모가 독서의 효능에만 빠져 자녀에게 책을 사주기에 급급한 데 있습니다. 아무리 좋은 책이라도 시대에 따라 읽는 목적과 방법이 다른 데도 말이죠.

새로운 세상의 최고의 교육을 독서로 삼았다면, 좋은 결과가 나타날 수 있도록 읽어야 합니다. 바로 '어떻게' 읽어야 효능을 볼 수 있을지 따져봐야 하는 거죠.

21세기 최고의 교육이 독서인 이유는 앞에서 따져 보았습니다. 스스로 공부하는 기계와 행복하게 잘 살기 위해서 인간은 본성적인 역량을 더 개발해야 하고, 그것을 개발하기 위한 가장 적합한 도구는 독서란 것을 말이죠.

지금처럼 컴퓨터나 인터넷이 발달하지 않았을 때, 독서의 목적은 정보를 얻기 위함이었습니다. 도서관에서 전문서적이나 백과사전을 뒤져야 좀 더 전문적인 정보를 얻을 수 있었으니까요. 즉, 정보를 얻기 위해 독서를 했습니다. 그러나 지금은 꼭 책이 아니어도 정보를 구할 수 있는 곳이 많아요. 따라서 독서의 목적은 단순히 정보를 얻는 데서 벗어나 정보를 연결하고 응용하는 법을 배우는 데 있어야 합니다. 이것이 바로 단순히 줄거리를 이해하고 요약하는 독서에서 깊이 사고하고 통찰하는 독서로 가야 하는 이유입니다. 다독이냐 정독이냐의 문제가 아닙니다. 다양한 책을 두루 읽을 때 목적에 맞게 제대로 읽어내지 못한다면, 독서의 효능을 제대로 볼 수 없다는 뜻입니다.

책을 많이 읽어도 깊은 사고와 통찰이 없는 경우 오히려 독이 되는 경우가 있습니다. 자신도 모르게 무엇인가 많이 알고 있다는 착각과 오류에 빠지는 경우죠. 간혹 아이가 책을 읽고 수학이나 과학 용어를 줄줄 외워 부모를 뿌듯하게 하는 경우가 있어요. 하지만 깊은 이해 없이 달달 외운 용어는 금방 잊어버리죠. 이런 방식의 독서에서는 아이가 제대로 된 효능을 얻을 수 없어요. 책을 읽고 이제 다 안다는 자만심과 착각만 생길 뿐이죠.

어떻게 읽을 것인가

자, 그럼 책 읽기를 이 시대를 헤쳐나가는 나침반으로 삼으려면 어떻게 읽어야 할까요? 다시 창의융합교육의 세 가지 본질을 떠올려 보세요. 이 세 가지 본질은 21세기가 요구하는 인재의 세 가지 조건입니다. 따라서 21세기에 차별화된 인재로 가기 위한 독서는 연결성, 실용성, 창조성에 기반을 둬야 합니다.

첫째, 하나의 지식을 다양하게 연결할 수 있는 독서를 해야 합니다. 이것은 주제별 독서, 카테고리별 독서와 일맥상통합니다. 관심 있는 주제가 생겼다면, 그 주제와 연관된 다양한 책을 읽는 겁니다. 예를 들어 '로봇'에 관심이 있다면 로봇의 역사, 로봇을 만드는 사람, 로봇의 구조와 기능, 로봇의 디자인 등등 다양한 영역으로 뻗어나갈 수 있는 거죠. 이렇게 하나의 주제를 가지고 다양하게 읽다 보면, 그 속에서 공통점과 차이점을 발견하게 되고 또 각각의 내용을 비교, 분석, 추론하여 자신만의 관점이 생기게 됩니다. 이런 독서 훈련이 결국 다양하게 연결하고 융합할 수 있는 창의융합형 인재로 가는 훈련이 되는 겁니다.

둘째, 실용성을 염두에 둔 독서를 해야 합니다. 정보보다 스토리텔링이라고 했죠. 독서를 통해 얻은 것은 자신의 생활에 실질적으로 적용되어야 가치가 있습니다. 책은 사실적인 정보를 실용화한 매체입니다. 그러므로 책을 읽을 때 표면적인 읽기에 그칠 것이 아니라 저자가 정보를 어떻게 사용하고 있는지도 읽어내야 합니다. 다시 말해, 저자가 단순 정보를 가지고 어떻게 스토리화하고 있는지 살피면서 읽어야 합니다. 또 어떻게 실생활에 적용할지 생각하며 읽어야 합니다. 그러기 위해서는 깊이 사고하며, 두루두루 관계성을 가지고 읽어야 합니다.

다음 문제를 살펴볼까요?

[질문]
낙타가 사는 환경에서 낙타의 신체적 특징을 바탕으로 인간에게 유용한 기구를 발명해보자. 그 기구의 구상도를 그리고 그 특징을 간략하게 설명하라.

독서를 통해 낙타에 대한 정보만을 얻었을 경우, 과거 정답형 문제에는 통했을지 모르나 위와 같은 문제는 해결할 수 없습니다. 위 문제는 낙타와 연결된 지식과 그 지식을 실용화할 수 있는 능력, 그리고 스토리텔링으로 바꿔 타인과 공유할 수 있는 능력을 요구하고 있습니다. 평소에 그런 독서 훈련을 했던 아이이어야 자신 있게 답할 수 있는 문제죠.

셋째는 편집능력을 통해 독창성을 키울 수 있는 독서를 해야 합니다. 바로 창의성으로 나아가는 독서죠. 누구에게나 열려있는 정보를 자유자재로 편집할 수 있는가, 다양한 관점으로 재해석할 수 있는가의 문제입니다. 정보 자체가 경쟁력이었던 세상에서는 정답을 빨리 정확하게 찾아내는 능력이 필요했습니다. 따라서 책도 정보를 수집하기 위한 목적으로 읽었죠. 그러나 지금은 개방된 정보를 가지고 편집해서 어떻게 자신만의 관점으로 재해석할 수 있느냐가 관건입니다. 이것이 문제해결능력이고 독창성입니다.

현재 초등 6학년 국어 교과서에는 <콜럼버스 항해의 진실>이라는 제목의 글이 실려 있어요. 발견이라는 단어에 의미를 부여하며 '과연 콜럼버스가 아메리카 대륙을 발견한 최초의 사람이 맞을까'라는 의문을 제기합니다. 아이들에게 정형화된 해석에서 벗어나 새로운 관점을 부여해주는 것이죠. 이렇게 다양한 정보를 편집하거나 관점을 달리하는 읽기 훈련은 창조로 가는 길을 연습하는 것과 같습니다. 창의는 이제 생존 전략이니까요.

독서는 이제 주어진 정보를 연결하고 실용화해서 재창조하는 도구가 돼야 합니다. 또한 부모는 독서가 이렇게 진화하고 있음을 알아야 합니다.

여러분 '독서'가 무엇인가요? '讀(독)'이라는 글자에는 두 가지 의미가 있습니다. 첫째, '읽다', 둘째, '이해하다'입니다. 과거에는 책을 지식을 얻기 위해서만 읽어도 괜찮았지만, 이제는 깊은 이해와 사고를 필요로 합니다. 그러므로 독서혁명으로 독서의 효능을 제대로 일으켜 차별성 있는 아이로 키우려면 '어떻게 읽을 것인가'에 주목해야 합니다.

인공지능 시대, 독서가 강력한
생존전략인 이유 5가지

인공지능 로봇, 빅데이터, 3D프린터, 사물인터넷 등이 주도하는 4차 산업혁명의 시대를 살면서 우리가 사는 세상의 생태계는 커다란 전환점을 맞이하고 있습니다. 인간의 노동력이 혁신적인 과학기술에 의해 점차 대체되고 있기 때문입니다.

이 때 부모는 빠르게 변화하는 세상을 읽고 우리 아이들이 살아가야 할 미래에 인간의 진짜 경쟁력이 무엇인지 깨달아야 합니다. 스스로 공부하는 인공지능이 밀려오고 있고, 단순 지식의 소유보다 지식의 연결성과 창조성이 강조되고 있으며, 학력보다 실력, 지성보다 인성이 우선시 되는 세상을 제대로 바라봐야 합니다. 자녀교육에서 무엇이 우선일까? 공부하는 인공지능과 인간의 차별성은 무엇일까? 인간의 고유성은 무엇일까? 이와 같은 질문 속에서 우리는 스스로 세상의 유일무이한 생존전략을 찾아내야 합니다.

이런 가운데 독서는 세상의 변화와 함께 그 의미가 재해석되고 있습니다. 인공지능 로봇이 우리 삶 속으로 밀려들어오고 있는 세상에서 우리는 왜 여전히 독서를 생존전략이라고 할까요?

핵심 포인트!

첫째,

독서를 통해 단순 사실의 수용을 넘어 지식의 연결성과
실용성, 창조성을 키울 수 있습니다.

둘째,

책의 스토리는 감수성을 키우는 재료가 됩니다.

셋째,

책을 통해서 소통과 공감능력을 키울 수 있습니다.

넷째,

정보의 홍수 속에서 정보의 옥석을 가려내는 비판적인 사고를 키웁니다.

다섯째,

다양한 관점으로 독창적인 문제해결능력을 키웁니다.

PART 2

독서혁명 하나,
독서도 배워야 할 수 있다

1. 독서를 배워 본 적이 없는 아이들

2. 글자를 안다고 독서를 할 수 있을까

3. 목표 없는 독서가 가짜 독서가를 만든다

4. 독서의 시작과 끝은 어디일까

5. 잘못된 독후활동이 책을 싫어하는 아이로 만든다

6. 독서도 훈련이다

7. 책은 장르마다 읽는 법이 다르다

독서를 가르치고 배우는 것에 무슨 특별한 스킬이나 매뉴얼이 있는 것이 아닙니다.
그저 아이가 책과 좋은 관계를 맺을 수 있도록 부모가 앞장서는 것만으로 족합니다.
이런 것이 어쩌다 한 번으로 가능할까요? 아니겠죠. 매일 조금씩이라도 꾸준히 읽는
것이 쌓여 아이와 책의 관계가 돈독해지는 것이죠. 그것이 바로 독서습관입니다.

01

독서를 배워본 적이
없는 아이들

이제 PART 2로 넘어왔네요. PART 1에서는 혁신적인 과학기술이 인간에게 미치는 영향, 가까운 미래에 우리 아이들이 살아야 하는 세상에서 인간 고유의 경쟁력이 무엇인지 알아보려 노력했어요.

급변하는 세상은 세계적으로 주입식 교육에 대한 반성과 새로운 교육에 대한 관심을 불러일으키고 있습니다. 우리나라 역시 '창의융합교육'을 목표로 교과서를 개정하고, 시험 유형을 단답형 대신 서술·논술·구술로 바꾸고 있죠.

이처럼 우리는 예측하기 힘든 미래를 살아가기 위한 진짜 공부가 무엇인지 재정의해야 할 시점에 다다른 것입니다. 이것은 기성세대의 몫이에요. 딥러닝 시스템을 갖춘 인공지능의 등장으로 인간은 지금까지와는 다른 새로운 공부가 필요하게 된 겁니다. 그것은 기계가 갖출 수 없는 것들, 즉 협업하고, 소통하고, 비판적으로 사고하고, 창조해내는 법을 공부하는 것입니다.

따라서 교육은 협업하고, 소통하고, 비판적으로 사고하고, 창조해내는 능력을 갖출 수 있도록 도와야 하는데, 이런 교육에 최고의 도구는 독서라는 것을 앞서 살펴보았습니다. 그리고 독서가 정보 습득을 위한 표면적인 독서에서, 내용을 맥락화하고 재창조하는 깊은 독서로 바뀌고 있음도 살펴보았습니다.

두 번째 파트에서는 아이가 어떻게 하면 독서를 잘 배워 세상살이의 경쟁력을 가지게 할지 고민해보고자 합니다. 그저 책만 던져 준다고 해서 훌륭한 독서가가 되는 것은 아니니까요.

많은 부모가 이미 독서의 중요성을 깨닫고 아이를 좋은 독서가로 만들기 위해 실천하고 있다고 생각합니다. 그런데 우리 아이들은 이렇게 중요한 독서에 대해 올바로 배우고 있을까요? 부모들은 독서를 제대로 알려주고 있을까요? 독서를 배운다는 것은 무엇일까요? 독서는 누구에게 어떻게 배우는 걸까요?

독서의 배움은 엄마의 무릎에서부터 시작된다

그동안 아이가 홀로 책 읽는 습관이 들도록 좋은 책을 사주는 것에만 힘을 쏟았다면, 그 아이는 아직 독서를 배워본 적이 없는 아이나 다를 바 없습니다. 독서는 읽기가 아니라 듣기에서 시작되는 것이니까요.

독서의 첫걸음은 부모의 책 읽어주기에서 비롯됩니다. 그러므로 독서를 시작하고 방법을 익히는 것은 학교보다 가정의 역할이 크다고 볼 수 있습니다. 좋은 독서가는 타고나는 것이 아닙니다. 길러지는 겁니다. 길러진다는 것은 아이가 환경에 따라 달라진다는 의미입니다.

독서의 첫걸음은 책과 관계 형성입니다. 먼저 관계가 맺어져야 그 안에서 좋아하든, 싫어하든, 지속해서 만나든, 헤어지든 어떤 결과가 발생하는 거죠. 그럼 아이는 책과 어떻게 관계를 맺을까요? 바로 아이의 주된 양육자, 즉 대부분 엄마에 의해 '책'과 접하게 됩니다. 따라서 부모가 독서에 관심이 없고 그 중요성을 알지 못하면 아이와 책의 관계는 생기지 않거나 멀어질 수밖에 없죠. 독서가 시작되는 시기나 방법은 전적으로 양육자에 의해 결정되는 것입니다.

대개 아이의 독서는 엄마 무릎에서 엄마의 목소리로 배우기 시작합니다. 엄마가 사랑으로 책을 읽어줄 때 아이는 엄마와 더불어 책을 알게 되고 관계가 생기기 시작하는 것이죠. 이렇게 시작된 독서는 '엄마의 사랑'이 더해져 책과의 긍정적인 관계가 싹트기 시작합니다. 부모의 책 읽어주기로 좋은 감정을 많이 쌓은 아이는 훗날 성인이 돼서도 그 감정을 느끼며 책을 읽게 됩니다. 이처럼 평생 독서는 엄마의 무릎에서부터 시작되는 것입니다.

이 효과를 익히 알고 실천한 민족이 바로 유대 민족입니다. 유대인의 책 읽어주기 교육은 세계적으로 유명합니다. 아이가 잠들기 전, 침대 곁에서 매일 밤 책을 읽어주는 '베드사이드 스토리(bedside story)' 관습은 유대인의 오랜 가족 문화로 알려져 있죠. 오늘날 이런 것이 쌓여 비록 소수 민족이지만, 영향력이 막강한 민족이 된 게 아닐까요?

독서 매뉴얼 대신 지속적인 읽기 환경으로 배운다

엄마와 애착이 강하게 형성되는 시점에 '책'이라는 매개체는 엄마와 아이를 끈끈하게 이어주는 역할을 하는 동시에 아이가 책을 사랑하게 만들기도 합니다. 그러므로 엄마가 책을 읽어주는 것은 책이 '사랑'이라고 가르치는 것과 매한가지입니다. 책과 사랑을 동일시하는 아이가 어떻게 책을 싫어할 수가 있을까요?

책을 사랑하게 만들고 싶지 않으세요? 책을 읽으라고 지시하고 강요해서는 아이를 독서가로 키울 수 없어요. 오히려 부모의 지시와 강요 속에서 책에 대한 부정적인 인식만 싹트겠죠.

반면에 책을 사랑하는 아이로 키우면 스스로 책과 동행하는 인생을 살게 됩니다. 책과 동행하면 남보다 탁월한 사고와 통찰력, 지혜로 자신의 인생을 개척하며 살 수 있겠죠.

독서를 가르치고 배우는 것에 무슨 특별한 스킬이나 매뉴얼이 있는 것이 아닙니다. 그저 아이가 책과 좋은 관계를 맺을 수 있도록 부모가 앞장서는 것만으로 족합니다. 예를 들어, 아이에게 읽어줄 책을 먼저 읽어 보세요. 그리고 아이에게 즐겁게 읽어줘 보세요. 동화구연가처럼 읽어줘야 하지 않을까 부담가질 필요는 전혀 없어요. 다만, 생전 처음으로 책을 통해 그림과 이야기를 접하는 아이의 입장을 헤아려 보세요. 엄마는 싫증날지 모르나 아이는 그 그림이, 그 이야기가 얼마나 신기하고 황홀할까요? 그런 아이의 마음을 헤아리며 사랑을 담아 읽어주는 동안 아이는 자연스럽게 독서를 배우게 되는 거예요.

이런 것이 어쩌다 한 번으로 가능할까요? 아니겠죠. 매일 조금씩이라도 꾸준히 읽는 것이 쌓여 아이와 책의 관계가 돈독해지는 것이죠. 그것이 바로 독서습관입니다.

앞서 말했듯이, 독서는 환경에 좌지우지되는데 그 환경이 바로 부모입니다. 부모라는 환경이 없으면 아이가 독서습관을 형성할 수 없습니다.

그런데 우리나라의 부모는 독서도 공부 기술처럼 가르치려드는 경향이 있어요. 학교에서는 그동안 책을 읽고 난 다음 단어의 뜻을 조사하고, 줄거리를 요약하고, 자신의 감상과 관계없이 저자의 의도를 외우게 하는 등의 정형화된 토론을 해왔죠. 이것은 주입식 독서 수업이지 독서 자체의 즐거움을 배우는 것은 아니라는 생각이 드네요.

《독서의 기술》의 저자 모티머 J. 애들러(Mortimer J(erome) Adler)는 책을 "이 세상에서 가장 도도한 애인"이라고 했어요. 책은 독자가 먼저 다가가지 않는 한 절대 먼저 다가오지 않는다는 의미죠. 일방적인 가르침과 수동적인 배움으로는 평생 독서를 즐기는 아이로 키울 수 없습니다. 이는 아이가 잠시 잠깐 부모의 요구에 응해주는 것일 뿐, 이를 통해 삶의 경쟁력을 확보할 수는 없겠죠.

아이가 스스로 독서를 지속해서 즐길 수 있으려면 책을 사랑해야 해요. 책을 사랑하려면 먼저 읽어주는 부모의 도움이 필요하고요. 형식을 앞세워 책을 가르치려드는 부모보다는 책과 아이를 이어주는 멋진 중매쟁이 부모가 되길 권합니다.

1990년 미국 메인주 엣지콤에 있는 독서학교(CTL, Center for Teaching and Learning)의 설립자이며《하루 30분 혼자 읽기의 힘》의 저자 낸시 앳웰(Nancie Atwell)은 이렇게 말합니다.

"매일의 독서, 풍부한 독서, 좋은 책이 가득한 방, 그리고 아이를 책의 세상으로 자연스럽게 이끌어줄 부모와 교사, 바로 이런 것이 평생의 독서를 가르치고 배우는 방법이다."

02

글자를 안다고
독서를 할 수 있을까

디지털 세상은 '천천히'보다 '빨리'가 익숙한 세상인 것 같아요. 그래서인지 초광속, 총알배송, 당일배송 등의 말이 광고 용어로 흔하게 쓰이고 있죠. 그러다 보니 우리도 모르게 빠른 게 좋은 것이라는 인식을 하는 것 같아요.

교육도 마찬가지입니다. 조기교육이니 선행학습이니 아이의 능력과 상관없이 남보다 빨리 머리에 집어넣기만 하면 최고라 여기는 부모가 많습니다. 교육은 백년지대계라는 말이 있죠. 교육은 길게 내다보고 계획을 세워야 한다는 말입니다. 점수나 성적에 연연해서 현재의 결과에만 급급하면 진정한 경쟁력은 키울 수 없습니다.

글자를 읽는 것과 독서는 다르다

우리가 독서에 대해 잘못 생각하고 있는 것 중 하나가 아이가 글을 깨우치면 저절로 책을 읽을 수 있다고 생각하는 것입니다. 하지만 운전면허증을 막 취득하자마자 드라이브를 즐길 수 있을까요? 운전하는 것만으로도 긴장되는데 주변 경치가 눈에 들어올까요? 아이가 글을 깨우치면 책을 저절로 읽을 수 있다는 생각은 독서의 본질, 그리고 문자해독능력과 읽기능력을 착각하기 때문에 생기는 것입니다.

독서는 단순히 글자만을 읽는 행위가 아닙니다. 독서는 깊은 사고와 맥락 짚기, 그리고 전체를 아우르는 통찰이 필요합니다. 단순히 글자만 읽어서는 독서를 하는 의미가 없습니다. 그러므로 글자만 읽는 사람은 무늬만 독서가라 할 수 있습니다.

독서는 책의 내용을 자신의 것으로 소화해서 자신의 인생을 변화시킬 수 있을 때 비로소 의미가 있습니다. 독서를 통해 얻은 지식과 정보 또는 지혜를 자신에게 적용하지 못하거나 삶에 변화를 주지 못한다면 헛수고로 남을 뿐입니다. 그러니 '글자만 읽는 행위'와 '독서'는 같은 의미라고 할 수 없죠. 따라서 아이에게 문자해독능력이 생기면, 진정한 독서를 하기 위해 읽기능력을 점진적으로 발달시켜야 합니다.

문자 해독의 단계는 기호의 조합을 이해하고, 그 규칙을 터득해서 하나의 글자가 하나의 소리를 가지고 있으며, 낱글자가 모여 단어가 되고 의미를 갖는다는 것을 이해하는 과정입니다. 낱글자가 모여 낱말이 되고 다시 하나의 문장을 이루는 것을 이해하고 그것을 해석하는 것은 쉬운 일이 아닙니다. 따라서 글자를 읽는 행위 자체도 아이에게는 매우 복잡하고 벅찬 문제입니다. 그러므로 이런 과정을 거쳐 능숙한 독서가가 되기에는 시간이 많이 필요하다는 점을 부모는 먼저 이해해야 합니다. 그래야 글을 해독하기에 급급한 아이에게 스스로 독서를 해야 한다고 강요하지 않겠죠.

독서와 읽기능력

독서에 필요한 읽기능력은 글자를 읽고 해석하는 능력에서 시작됩니다. 그러나 그것은 시작이지 완성이 아니죠. 하나의 문장을 읽고 이해하는 수준에 도달했다면, 전체 글 속에서 앞뒤 내용을 연결하는 맥락 읽기를 할 수 있어야 합니다. 그래야 스토리가 연결되고 등장인물의 말이나 행동이 이해되어 정확한 의미 파악이 되는 겁니다. 이쯤 되면 조금씩 독서가 재미있어지겠죠.

하지만 여기서 끝은 아닙니다. 글의 전체 스토리가 어느 정도 파악된다면, 겉으로 드러난 이야기뿐 아니라 숨은 뜻을 해석할 수 있어야 하죠. 곧, 글을 읽음과 동시에 다양한 사고 과정을 통해 글 속에 숨겨 놓은 저자의 의도를 깨달아야 비로소 1차 독서가 끝납니다.

물론 여기서 끝이 아니죠. 1차 독서를 통해 깨달은 바를 자신과 관련해 생각하고 적용할 수 있어야 합니다. 이게 바로 2차 독서입니다. 여기까지 왔다면 책의 내용을 어느 정도 이해했다고 볼 수 있습니다.

2차 독서 다음으로는 책 내용을 완벽히 이해하고, 또 다른 관점으로 재해석할 수 있어야 합니다. 그리고 책 내용을 바탕으로 창의적으로 재생산할 수도 있어야 합니다. 이렇게 입체적인 3차 독서까지 도달해야 비로소 온전한 독서를 했다고 보는 것입니다.

이제 단순히 글자만 읽는 것과 읽기능력을 바탕으로 읽는 것의 차이를 구분할 수 있으리라 봅니다. 어떻습니까? 우리가 그동안 아이들에게 너무 좁은 의미의 독서만 강요했다고 생각하지 않으시나요?

읽기능력은 읽어주기로 발달한다

그럼 독서를 능숙하게 하기 위한 읽기능력은 어떻게 기를 수 있을까요? 읽기능력은 읽을수록 발달하는 능력입니다. 그러니 가장 중요한 것은 지속해서 많이 읽어야 한다는 것이죠.

여기서 부모가 주의해야 하는 점은 듣기와 읽기의 차이점입니다. 이제 막 글을 터득할 준비가 돼 있거나 이미 글을 읽을 줄 아는 만 5~6세 전후 아이를 생각해보죠. 이때는 읽기 초보 단계로 스스로 능숙하게 독서를 하기에는 무리가 따르나, 듣기능력은 어느 정도 성숙해 있을 단계입니다. 엄마 뱃속에서부터 줄곧 듣는 연습을 해왔으니까요. 그러므로 듣기는 이제 막 터득하기 시작한 글자 읽기보다 훨씬 수월하겠죠. 아이가 스스로 읽을 줄 아는데도 매번 읽어달라고 요청하는 이유는 들을 때는 이해가 되어 재미있는데, 스스로 읽을 때는 이해를 못해 재미없기 때문입니다.

우린 앞에서 독서의 시작이 부모의 읽어주기, 즉 듣기에 있다는 사실을 이해했습니다. 즉, 듣기가 읽기의 선행학습인 셈이죠. 따라서 읽기능력을 기르기 위해 우선시해야 하는 것은 아이의 열린 귀에 지속해서 책을 읽어주는 것입니다.

부모가 아이의 읽기능력과 상관없이 읽어주기를 반복하다 보면 아이 스스로 능숙하게 읽는 힘이 생깁니다. 읽는 힘이 생겨야 스스로 읽는 것을 즐기게 되고, 이것이 쌓여 읽기능력이 발전하게 됩니다. 이것은 피아노를 배울 때, 건반 누르기와 음악의 기초를 터득하면 어떤 곡도 연주할 수 있게 되는 것과 같아요. 읽기가 쌓여 읽기능력이 길러지면 어느 순간 어떤 책이라도 스스로 읽고 이해하는 힘이 커져 독서에 재미가 붙습니다. 뭐든 알아야 흥미가 생기고 재미가 붙는 법이니까요.

전문가들에 따르면 듣기와 읽기의 수준은 중학교 2학년 무렵에나 비슷해진다고 합니다. 그러니 나이와 상관없이 아이가 "그만!"을 외칠 때까지 읽어주길 권합니다. 또한 듣기와 읽기 수준이 이렇게 차이가 난다면 읽어주는 책은 스스로 읽는 책보다 수준이 약간 높아도 괜찮겠죠. 이거야 말로 아이가 학교나 학원에서 할 수 없는 진짜 공부를 하는 거예요. 부모들이 힘을 내야 하는 이유죠.

《하루 15분 책 읽어주기의 힘》의 저자 짐 트렐리즈(Jim Trelease)는 "아이에게 책을 전혀 읽어주지 않는 것과 맞먹을 정도로 큰 실수는 너무 일찍 읽어주기를 그만두는 것"이라 했어요. 또한, 미국의 읽기위원회에서는 "책 읽어주기는, 책에 대한 광고를 지속함으로써 아이에게 독서에 대한 흥미를 자극하는 일"이라고 했습니다.

패스트푸드 세계 1위 기업 맥도날드는 정상에 있으면서도 매해 광고 예산을 늘린다고 합니다. '모든 사람이 우리 이야기를 들었으니 알아서 찾아오겠지. 그러니 더는 광고에 돈을 들이지 말자'라고 생각하는 순간 고객이 떨어져 나가기 때문이라는 거죠. 그런데 왜 우리는 아이에게 그저 읽어주기만 하면 되는 독서 광고를 그만두려 할까요? 부모와 자식 간의 정서적인 교감을 늘리고, 책에 대한 즐거움을 키우는 독서 광고를 멈출 이유가 있을까요?

03

목표 없는 독서가
가짜 독서가를 만든다

나폴레온 힐(Napoleon Hill)의 《성공의 법칙》에는 5%의 성공하는 사람과 95%의 실패하는 사람에 관한 이야기가 나옵니다. 나폴레온 힐은 이 책을 쓰기 위해 14년간 약 16,000명에 달하는 사람을 분석했는데, 그중 95%가 인생의 실패자이고 5%만이 성공한 사람이었습니다.

성공하는 사람들과 실패하는 사람들은 각각의 특징을 갖고 있었습니다. 실패하는 사람들은 인생의 명확한 목표가 없는 반면, 성공하는 사람들은 목표가 명확할 뿐 아니라, 목적을 달성하기 위한 구체적인 계획이 있었습니다.

분석을 통해 밝혀진 또 다른 사실은 실패한 사람들은 자신이 원하지 않는 일에 종사하고, 성공한 사람들은 자신이 원하는 일에 종사한다는 점입니다.

더욱 놀라운 사실은 실패한 것으로 분류된 사람들은 자신에게 가장 적합한 일이 무엇인지, 그리고 그것을 알 필요가 있는지에 대한 개념조차 없이 삶의 바다에서 표류하고 있었다는 점입니다.

직업과 꿈은 다르다

자녀의 성공을 바라지 않는 부모가 있을까요? 자녀의 실패를 위해 투자하는 부모가 있을까요? 문제는 부모가 생각하는 성공이 성공의 본질과는 한참 떨어져 있다는 데 있습니다.

이렇게 한번 물어봅시다. 우리 아이에게 꿈이 있을까요? 있다면 어떤 꿈일까요? 아이들에게 꿈을 물으면 의사, 박사, 변호사, 회계사, 교사 등등을 이야기합니다. 아이가 그런 대답을 하면 부모는 흐뭇한 마음이 들겠죠. 그런데 의사, 변호사, 회계사, 교사 등등이 꿈일까요? 아니죠. 이것은 꿈이 아니라 직업입니다. 그것도 자신이 스스로 생각한 것이 아니라 어른이 주입한 직업입니다.

직업은 꿈이 아닙니다. 수시로 변화하는 세상에서 직업은 어느 순간 사라지거나 생겨날 수 있어요. 2016년에 열린 세계경제포럼에서는 현재 초등학교에 다니는 아이의 65% 이상이 지금은 존재하지 않는 직업군에서 종사할 것이라고 발표했습니다. 따라서 현재 인기 있는 직업을 꿈으로 삼는 것은 위험할 수 있어요. 직업이 없어질 수도, 전혀 다른 모습으로 바뀔 수도 있기 때문이죠.

직업은 꿈이 아니라 도구입니다. 직업을 통해 무엇을 하고 싶은지, 세상에 어떤 영향을 미치는 사람이 되고 싶은지, 세상을 이롭게 하기 위해 자신의 관심사와 강점을 어떻게 사용할 것인지가 꿈이고 목표입니다.

우리 아이의 개성과 기질을 명확히 아시나요? 우리 아이의 강점이 보이시나요? 꿈은 아이의 개성과 기질, 강점에 의해 생깁니다. 세상 어떤 아이라도 개성과 강점이 없는 아이는 없어요. 다만 발견을 못했을 뿐이죠. 우리 아이의 일상을 좀 더 적극적으로 찬찬히 관찰해보세요. 아이마다 기호가 다르고, 기질이 다르기 때문에 상황에 따라 문제 해결 방법이 다릅니다. 각 가정의 양육 환경과 방식이 다르고, 이에 따라 아이의 특화된 개성, 즉 강점이 다르게 형성되기 때문입니다.

그런데 인간은 자신의 강점을 스스로 찾아내기가 쉽지 않아요. 특히 어릴 때는 말이죠. 그러므로 아이가 개성이나 강점을 발견하도록 도와주는 것이 부모의 역할 아닐까요? 그리고 아이가 강점을 살려 꿈을 찾도록 도와주어야 하지 않을까요?

꿈과 목표가 있어야 끝까지 포기하지 않는다

여러분《해리포터》시리즈 아시죠? 전 세계에서 많은 사람의 사랑을 받고 영화로도 제작되어 흥행한 작품이죠.《해리포터》시리즈는 상상하기를 좋아했던, 그리고 글쓰기를 좋아했던 한 소녀의 꿈이 실현된 것입니다.

《해리포터》의 작가 조앤 롤링(Joan K. Rowling)은 동생을 위해 처음 동화를 쓴 5세 때부터 작가를 꿈꿨습니다. 부모님의 반대로 원하지 않는 대학에 들어가 졸업 후, 취직했으나 일하는 시간에도 머릿속은 늘 공상과 소설 생각으로 가득했죠. 그러다 보니 직장에서 쫓겨나기 일쑤였고, 결혼 후 남편의 폭행에 시달리다 이혼까지 하게 됩니다.

어린 딸에게 먹일 분유조차 사기 벅찰 정도로 가난해서 정부보조금으로 근근이 살아갔지만, 그녀에게는 꿈이 있었죠. 그녀는 자신의 강점을 결코 버리지 않았어요. 어려운 생활 속에서도 계속해서 소설을 쓰고 완성했습니다. 처음엔 열두 군데 출판사가 모두 출판을 거절했죠. 하지만 조앤 롤링은 포기하지 않았습니다. 결국 출판사의 문을 두드린 지 7년 만에《해리포터》는 세상에 나왔습니다.《해리포터》는 수많은 나라에서 번역돼 어마어마하게 팔렸고, 백만장자가 된 조앤 롤링은 난치병 연구를 위해 많은 돈을 기부하고, 부모가 없는 가정을 위한 활동을 하거나, 소외된 젊은 여성을 위한 재단을 운영하는 등 자신이 꿈꾸던 가치 있는 삶을 살고 있습니다. 이것이 다 자신의 강점을 발견하고 명확한 꿈과 목표를 가졌기 때문에 일어난 일이죠.

성공하는 독서에는 꿈과 목표가 있다

독서가 변화하는 세상의 경쟁력이 되려면, 책 읽기를 좋아하고 즐길 수 있어야 합니다. 그래야 평생 지속할 수 있기 때문이죠. 평생 읽는다는 것은 남이 갖지 못하는 지혜를 갖고, 남이 보지 못하는 세상을 볼 수 있음을 의미합니다. 그러려면 자신만의 꿈과 목표가 있어야 합니다. 자신의 강점을 발견하고 그것을 통해 이루게 될 꿈을 볼 수 있다면, 그에 대한 세부 계획이 생길 것입니다. 그리고 그 계획 중 가장 중요한 자리에 독서를 놓게 될 것입니다.

스스로 필요성을 발견하고, 자신의 꿈을 찾고 이루기 위한 계획으로서의 독서는 부모나 선생님의 지시나 강요에 의한 독서와는 차원이 달라요. 독서는 자신의 꿈을 찾도록 도와줍니다. 이야기를 통해 다양한 캐릭터와 상황을 만나게 되면 어느 순간 자신과 연결되는 지점을 발견하게 됩니다. 이처럼 자신과 책 속의 캐릭터가 오버랩되어 자신의 미래와 만나게 되는 순간, 독서는 꿈을 꾸기 위한 읽기로 바뀝니다. 그리고 책을 통해 지속해서 꿈을 키우게 됩니다.

자신의 꿈이나 강점과 관련 있는 관심사가 생기면, 그것이 독서의 주제가 되어 자연스럽게 주제별 확장 독서가 될 것입니다. 자신의 꿈을 확실히 보고 있다면 이론에만, 지식에만 빠지는 독서가 아니라 자신의 꿈을 이루기 위한 실용적인 독서가 이루어질 것입니다. 또한 인간의 창의성은 자신이 관심을 가지는 분야에서 잘 발휘됩니다. 비록 다른 사람이 쓴 책을 읽는다고 하더라도 그 속에서 자신만의 관점을 만들어 재창조하는 독서를 하게 될 겁니다.

꿈을 꿀 때, 목표가 명확할 때 독서는 자연스럽게 앞으로의 삶에 경쟁력으로 작용합니다. 그 반대는 어떨까요? 꿈도 목표도 없는 독서, 타인에 의해 강제로 읽는 독서는 의미 없이 표류하는 독서, 가짜 독서가를 만드는 것에 불과해요. 나폴레온 힐이 말하는 95%의 실패자로 분류된 사람의 특성을 갖게 되는 거죠.

우리 아이가 독서를 통해 남다른 경쟁력을 갖추기를 바라시나요? 그렇다면 아이가 책을 읽기 전에, 명확한 꿈을 가질 수 있도록 도와줘야 합니다. 또 책을 읽으며 꿈을 키울 수 있도록 안내해야 합니다. 그러면 아이는 스스로 동기부여되어 책을 읽게 됩니다. 그리고 책을 읽으면서 자신의 강점을 찾게 되고 꿈을 이룰 방법을 찾게 됩니다.

인생의 목표가 있는 경우와 없는 경우는 같은 일을 하더라도 그 결과가 천지 차이입니다. 같은 책을 읽어도 꿈이 있는 아이는 그 속에서 자신의 미래를 발견하고 설계하며 꿈을 이루는 도구로 사용합니다.

"바로 이거야! 나도 이렇게 하면 내 꿈을 이룰 수 있어."

하고 말입니다.

04

독서의 시작과 끝은
어디일까

2016년, 스위스 다보스에서 열린 세계경제포럼에서는 '4차 산업혁명'의 시대가 열렸다고 발표했습니다. 인공지능, 빅데이터, 사물인터넷 등 혁신적인 과학기술이 주도하는 4차 산업혁명은 상상 속의 세계를 현실화시키고 있지요.

그중 하나가 자율주행차 아닐까요? 최근 국내에서도 도로 주행 시연이 있었는데요. 미래학자 토마스 프레이(Thomas Frey)는 자율주행차의 상용화를 2030년으로 보았지만, 이런 속도라면 더 빠르지 않을까 싶네요. 또 다른 미래학자 제레미 러프킨(Jeremy Rifkin)은 "앞으로 자동차를 소유하는 것이 더 이상한 일이 될 것"이라고 했습니다. 자율주행차가 대중화되면 직장인이 출근과 퇴근을 위해 자동차를 종일 주차장에 세워놓을 필요가 없다는 거죠. 매일 아침 개인의 취향에 따라 자동차를 선택해서 필요한 곳으로 이동한 후 다시 차만 돌려보내면 그만이죠. 이제 자동차를 소유하는 것이 아니라 공유하는 시대로 변화하는 것입니다.

사실, 문제는 이것이 아니죠. 자율주행차가 우리 대신 운전할 때 인간은 무엇을 해야 할까요? 4차 산업혁명을 주도하는 과학기술은 인간이 노동에 빼앗겼던 시간을 되돌려 줄 겁니다. 그때 우리에게 생긴 시간을 경쟁력으로 이용하는 사람과 그 반대인 사람이 있겠죠.

시작과 마무리가 중요한 독서 탐험

따라서 우리는 독서를 과거와는 달리 새롭게 인식하고 새로운 시대의 경쟁력으로 바라봐야 합니다. 과학기술이 우리의 노동을 대체할 때 인간의 역할이 지금과는 확연히 달라질 것이기 때문이죠. 기계가 할 수 없는 인간 고유의 역할을 찾기 위해서, 인간의 본성을 더욱 발달시키기 위해서, 끊임없이 변화하는 세상을 주도하며 살기 위해서 우리는 평생 배움의 끈을 놓으면 안 됩니다. 바로 평생 독서를 할 수밖에 없는 이유이기도 하죠.

하지만 독서를 인간의 경쟁력으로 만들기 위해서는 그동안의 독서와 달라져야 합니다. 교육이 획일화된 인재를 양성하는 대신 창의적이고 융합적인 인재를 양성하는 방향으로 전략을 바꾸듯, 독서 전략도 바뀌어야 합니다. 이제 책을 읽을 때, 글의 내용을 수동적이고 소극적으로 받아들일 게 아니라 능동적이고 적극적으로 탐험해야 합니다. 그러려면 우선 책 읽기의 시작과 끝이 어디인지 제대로 알아야겠죠.

독서는 저자가 목적을 가지고 쓴 글을 읽는 행위를 말합니다. 하지만 책을 읽는다는 것은 저자의 의견만 듣는 행위가 아닙니다. 저자의 의견을 듣는 동시에 저자에게 자신의 의견을 끊임없이 피력하는 행위입니다. 즉 독서는 저자와 소통하는 행위입니다. 예를 들어, 타인과 만나 처음 대화할 때를 떠올려 보세요. 가장 먼저 무엇을 하시나요? 우선 서로 통성명을 하고 인사를 나눠야겠죠. 서로 인사도 없이 바로 본론으로 들어가 대화를 한다면 소통이 원활하게 일어날까요? 쉽지 않겠죠.

마찬가지로 저자와 커뮤니케이션을 하는 독서에서도 첫인사는 매우 중요합니다. 그럼 독서에서 첫인사는 어떻게 이루어질까요? 저자는 무엇을 통해 독자에게 인사할까요? 바로 제목, 표지, 서문, 차례와 같은 것을 통해 독자에게 인사합니다. 저자는 이런 것을 통해 자신과 자신이 앞으로 펼칠 이야기를 독자에게 친절히 소개합니다. 아마도 저자가 집필할 때 가장 많은 시간과 정성을 쏟는 게 이 부분일 겁니다. 따라서 올바른 독서가는 효과적인 독서를 위하여 이런 장치를 잘 활용하여 독서의 방향을 잡는 것이죠.

그런데 이런 인식이 부족한 많은 부모가 자녀에게 책을 읽어줄 때 서둘러 책장을 넘겨 본문으로 들어가는 실수를 하곤 합니다. 우리는 앞에서 아이가 책 읽어주는 부모를 통해 독서를 배운다는 것을 알게 됐습니다. 그러므로 부모가 책의 본문만 신경 써서 읽어주면, 나중에 아이가 혼자 독서를 하게 될 때도 아무런 준비 없이 바로 본론으로 들어가서 기대만큼 독서 효과를 올리지 못하게 됩니다.

먼저 책과 인사를 나누자

예를 들어, 미국에서 그림책의 노벨상이라고 불리는 칼데콧 상을 받은 모리스 샌닥(Maurice Sendak)의 《괴물들이 사는 나라》를 읽어볼까요. 가장 먼저 책의 표지와 인사를 나눠야 합니다. 책의 제목을 읽고 표지 그림을 봅니다. 그림책은 그림으로 많은 이야기를 하고 있죠. 저자는 표지 그림을 통해 독자가 앞으로 전개될 내용을 다양하게 상상하고 예측하도록 합니다. 따라서 표지 그림과 대화를 많이 할수록 책에 대한 흥미가 더 높아집니다. 앞으로 읽을 책에 흥미가 생겼다면, 이미 반 이상 성공한 것이나 다름없죠.

"괴물들이 사는 나라는 어떤 나라일까요?"

"여기는 여름일까요? 아니면 다른 무슨 계절일까요?"

"배가 있네요? 이 배 이름은 뭘까요? 배를 타고 어딜 가려는 걸까요?"

"괴물의 발은 왜 사람의 발일까요?"

"괴물은 지금 무슨 생각을 하는 걸까요?"

이처럼 표지와 인사를 많이 나눌수록 잠자고 있던 배경지식이 활성화됩니다. 활성화된 배경지식은 책을 좀 더 깊게 이해하도록 도와줍니다. 그뿐만 아니라 책에 대한 호기심과 흥미를 불러일으키고, 자신이 예측하고 상상한 대로 이야기가 전개될지 궁금증을 유발합니다.

독서는 아이들을 적극적인 독자로 이끄는 불씨를 지펴주는 데서부터 시작됩니다. 그 방법이 바로 표지와 대화하는 것이고요. 이렇게 되면 아이가 본문을 읽고 이해하기가 훨씬 수월해집니다. 독서할 때 책과의 첫인사가 얼마나 중요한지 아시겠죠?

다음은 내용 읽기인데 적극적인 독서가를 위한 본문 읽는 요령에 대해서는 PART 3과 PART 4에서 찬찬히 다룰 것이므로 여기에서는 생략하겠습니다.

진정한 독서는 책장을 덮은 후부터다

자, 표지도 보고 본문도 읽고 다 했습니다. 그런데 책장을 덮고 나면 다 읽은 것일까요? 아닙니다. 누군가와 소통할 때 첫인사가 중요한 것만큼, 소통이 끝난 후 제대로 교류가 일어났는지 점검하는 것도 중요합니다.

따라서 책의 본문까지 다 읽은 후에는 저자가 말하고 싶었던 것이 무엇인지, 그것에 대해 나는 어떻게 생각하는지, 저자와 다른 생각이 있는지, 또는 주인공과 하고 싶은 말이 있는지, 나라면 어떻게 했을 것인지 등등 책의 내용과 관련되어 이야기를 나누고 회상해보아야 비로소 독서가 마무리되는 것입니다.

이것은 책과 첫인사를 나누는 것만큼 중요한 활동입니다. 많은 부모와 어린 독서가가 책의 내용에만 치우치는 독서를 하는 경향이 있는데요, 사실 우리가 독서를 하는 이유는 책 내용을 파악하는 데 있지 않습니다. 내용을 통해 무엇인가를 깨닫는 데 있죠. 그 깨달음을 통해 내가 몰랐던 지식, 지혜, 아이디어를 얻게 되는 겁니다. 꿈을 가지게 되는 것은 말할 것도 없고요.

따라서 부모는 아이가 책을 통해 이전에 느끼지 못했던 무언가를 깨달을 수 있도록 도와줘야 합니다. 그것이 반복되면 아이는 그 느낌을 얻기 위한 독서가 습관화될 것입니다. 인간은 지적 호기심과 탐구심이 강한 존재니까요.

아이가 제대로 된 시작(첫인사)을 통해 책 읽기에 대한 내적동기가 생겨나면 자연스럽게 책의 내용을 즐길 것입니다. 그리고 부모가 질문하지 않아도 책을 읽으며 자신이 느꼈던 것을 쏟아낼 것입니다. 이것은 지시와 강요로는 절대 일어나지 않는 일입니다. 독서의 시작과 끝의 의미를 제대로 인지하는 부모가 아이를 차별화된 독서가로 키울 수 있습니다.

잘못된 독후활동이
책을 싫어하는 아이로 만든다

독서의 목적은 무엇일까요? 먼저 책을 읽음으로써 얻을 수 있는 것이 무엇인지 살펴볼까요? 우선 사고력을 좌우하는 어휘력이 증가하죠. 책은 다양하고 고급스러운, 때론 전문적인 어휘로 구성되어 있으니까요. 또한 글을 이해하기 위해 끊임없이 생각해야 하므로 사고력이 발달하죠. 그뿐만 아니라 책 속의 등장인물을 이해하며 감성이 발달하고, 예측하며 추론하는 상상력이 발달합니다. 내용의 타당성을 따짐으로써 비판적인 사고력이 발달하고, 새로운 관점으로 봄으로써 창의력이 발달합니다. 이외에도 자율성, 몰입능력, 문제해결능력, 소통능력, 표출능력 등등 독서를 통해 얻을 수 있는 것은 그야말로 무궁무진하죠. 그래서 세상을 이끄는 뛰어난 사람치고 책을 좋아하지 않는 경우가 드문 것 같습니다.

우리가 앞에서 열거한 것은 독서의 기능이라 할 수 있습니다. 그럼 독서의 목적은 독서의 기능을 얻기 위함일까요? 어쩌면 맞는 말 같기도 합니다. 그러나 독서의 기능 때문에 책을 읽어야 한다고 아이를 설득할 수 있을까요? 아이가 그것을 받아들이고 독서에 매진할까요?

어른의 사고방식과 아이의 사고방식은 다릅니다. 어른은 이성적이고 논리적으로 판단하지만, 아이는 오직 감각과 감성으로 받아들이고 판단합니다. 따라서 아이는 독서의 기능 때문이 아니라 재미 때문에 책을 읽습니다. 그러므로 독서는 아이의 기쁨이 되어야 합니다. 그래야 외부 요인과 상관없이 내적 동기가 유발되어 지속성을 가질 수 있습니다.

독서의 기쁨은 사라지고 기능만 추구한다면?

그런데 지금 책을 읽는 아이의 모습은 어떤가요? 논리적이고 이성적인 어른에 의해, 즉 독서의 기능에만 목적을 둔 어른에 의해 독서를 기술처럼 습득하고 있는 경우가 다반사입니다. 독서의 즐거움이나 기쁨과는 상관없이 학교에서 좋은 성적을 받기 위한 도구로 전락했습니다. 아직도 많은 부모가 독서를 통해 아이가 좀 더 전략적으로 그 기능을 습득하도록 하고자 합니다.

그래서 최근 독서교육과 관련된 기관이나 학교, 가정에서는 독서의 비중을 책을 읽고 난 후 활동, 즉 독후활동에 두고 있습니다. '정해준 책을 읽고 독후감 쓰기', '책 내용을 바탕으로 주제를 정하고 토론하기', '줄거리 요약하기', '등장인물을 바꿔 이야기 꾸미기' 등은 모두 독서의 기능을 효과적으로 얻기 위한 활동입니다.

물론, 이런 것이 불필요하다고 말하는 것은 아닙니다. 다만, 아이가 이런 활동을 정말로 필요로 하는지 아이의 입장에서 판단해보라는 겁니다. 아이가 책을 외부적 요인에 의해 읽게 되고, 단순 읽기 기술을 습득하기 위한 것으로 여기게 되면, 목적을 이룬 다음 더는 책 읽을 필요를 느끼지 않게 됩니다. 책을 읽어도 재미있거나 기쁘지 않으니까요.

독서를 학습 효과를 내기 위한 수단으로만 바라본다면, 또 다른 주입식 공부나 다를 게 없습니다. 독서의 본질과는 상관없이 아이는 독서 기술자가 되는 것이죠.

독서를 미워하게 만드는 독후활동

그렇다면 독후활동을 하지 말아야 할까요? 이제 독후감은

쓰지 말게 할까요? 이 질문에 답하기 전에 다른 질문을 하나 해보죠.

컵에 물을 따르기 시작합니다. 컵에 물이 넘치도록 하려면 우선 컵에 물이 가득차야 합니다. 책을 읽는 것은 머릿속(컵)에 지식과 지혜, 생각(물)을 부어주는 것과 같습니다. 따라서 아이의 머릿속에서 지식, 지혜, 생각이 밖으로 넘쳐흐르려면, 먼저 아이의 머릿속이 채워져야 하겠죠. 그런데 머릿속이 채워지기도 전에 내보내라고 강요하면 아이는 얼마나 머리가 아플까요?

책을 읽고 말하기와 쓰기로 표현하는 표출능력은 표현할 재료가 얼마나 많이 쌓여 있느냐에 달려 있습니다. 입력된 분량만큼 출력되는 것은 당연한 이치입니다. 따라서 독후감으로, 토론으로 아이의 생각이 표출되려면 머릿속을 채울 수 있는 사고의 시간이 충분히 주어져야 합니다. 어른이라고 한 번 읽은 책을 자신의 것으로 소화해서 생각을 표출할 수 있을까요? 아이가 독후감 쓰기 숙제를 싫어하는 데는 다 이유가 있는 법입니다.

가벼운 북토크로도 충분하다

그럼 어떻게 해야 할까요? 독후활동을 너무 지나치게 매뉴얼로 접근하지 말아야 합니다. 아이가 책을 읽고, 이해하고, 사고할 시간을 충분히 주어야 합니다. 부모는 옆에서 그 과정이 깊어지도록 도와주어야 하고요. 읽었으니 말해보라든지, 써보라든지 하는 것은 아이에게 부담만 줄 뿐입니다. 그보다는 질문을 통해 부담 없이 아이의 생각을 끌어내는 북토크를 해보세요.

예를 들어, 《백설공주》를 읽고 북토크를 한다고 해봅시다.

"읽고 나니 기분이 어때?"
"왕비는 백설공주를 왜 그렇게 미워했을까?"
"혹시 누군가 너를 미워하면 네 기분이 어떨까?"
"백설공주는 왕자와 어떻게 살고 있을까? 이제 행복해졌을까?"
"가장 맘에 들었던 대목은 어디였어? 왜 맘에 들었어?"

이처럼 북토크는 거창한 활동이 아닙니다. 책의 내용을 회상할 수 있도록 도와주고, 자신의 감정이 어땠는지, 나라면 어떻게 했을지 등을 생각해볼 수 있도록 자극을 주는 활동입니다. 이런 대화 속에 아이는 자신이 읽은 책의 내용을 좀 더 깊이 생각하게 되고, 자신의 감정을 바라보며 말할 수 있게 됩니다. 이것은 훈련하면 할수록 더 잘하게 되죠.

북토크는 정해진 답을 요구하는 것이 아니므로 아이가 편하고 솔직하게 자기 생각을 표현할 수 있게 되죠. 이때 부모는 아이의 생각을 다그치기보다 기다려주어야 합니다.

이런 과정이 있고 난 뒤에야 독후감도 제대로 쓸 수 있고, 자기 생각을 간추려 발표도 할 수 있게 됩니다. 아이가 저학년일 때까지는 독후감도 지나친 형식을 요구하기보다는 주인공과 자신을 연결해서 그림으로 표현한다든지, 그것도 어렵다면 주인공에게 가볍게 편지나 문자를 써서 보낸다든지 하여 고학년보다 자유로운 방법으로 표현하게 해야 책과 더 친해질 수 있습니다.

고학년이라 하더라도 글쓰기로 자기 생각을 논리적으로 표현하는 것은 매우 어려운 일입니다. 그러므로 이런 가벼운 훈련을 자주 할 필요가 있습니다. 또 독서장에 자기 생각을 장황하게 쓰기보다는 책 이름, 날짜, 저자, 출판사, 읽게 된 동기 정도만 기록으로 남겨도 충분합니다.

독서록 작성이나 독후활동이 독서가로 키우기 위한 촉진제가 돼야지 걸림돌이 되면 안 되겠죠. 독후활동은 자신의 감정을 발견하고 정리하는 시간을 가짐으로써 독서의 또 다른 기쁨을 만나는 시간입니다.

"아, 책을 읽으니까 다른 곳에서 느끼지 못했던 느낌이 드는구나." 라는 말이 자연스럽게 나와야 독후활동의 의미가 있는 거죠.

06
독서도
훈련이다

　어떻게 하면 독서를 평생 즐기는 아이로 키울 수 있을까요? 어떻게 하면 독서를 통해 경쟁력 있는 아이로 키울 수 있을까요? 독서가 습관이 되면 됩니다. 인간은 습관의 동물이라고도 하죠. 우리의 일상을 잘 들여다보세요. 우리는 아침에 일어나서 잠들기 전까지, 그리고 잠자는 동안에도 나도 모르게 몸에 밴 크고 작은 습관에 의해 움직이고 있습니다. 밥 먹을 때, 운전할 때, 대화할 때, 옷 입을 때 등 모든 생활 속에서 알게 모르게 반복되는 습관에 의해 자신이 만들어집니다.

　습관을 제2의 천성이라고까지 말하는 것은 습관이 한번 만들어지면 자신이 느끼지도 못하는 사이에 행동으로 나타나기 때문입니다.

습관은 의식적이고 의도적인 행동과는 다르죠. 따라서 우리가 양질의 인생을 살기 위해서는 좋은 습관은 들이고 나쁜 습관은 고치거나 없애야 합니다. 물론, 많이 노력해야 합니다. 아시다시피 좋은 습관이든 나쁜 습관이든 한번 길든 습관은 쉽게 바뀌지 않기 때문입니다.

독서습관은 인생을 위대하게 만든다

21세기에 남다른 경쟁력을 지니기 위해 필요한 습관이 바로 독서습관입니다. 독서가 습관이 된다는 것은 읽기가 생활의 일부, 자신의 일부가 되어 매일 읽지 않고는 못 견디는 경지에 이르는 것을 말합니다. 안중근 의사는 이를 "하루라도 책을 읽지 않으면 입안에 가시가 돋는다."고 표현했죠.

세상을 바꿀 만한 업적을 남긴 위인의 공통적인 습관을 한 가지 꼽으라면 단연 독서습관입니다. 최근 시사 주간지 <타임>은 부자들의 습관을 설문조사해서 발표했습니다. 부자들의 습관 중 공통적인 것이 바로 독서습관이라는데요, 부자들의 88%가 하루 30분 이상 독서를 한다고 합니다.

세계 최고의 부자로 여덟 번이나 선정되었던 빌 게이츠는 어린 시절 마을의 공립도서관이 오늘날 자신을 있게 했고, 하버드대 졸업장보다 독서가 더 중요하다고 여러 번 말했죠. 스티브 잡스는 세상에서

제일 좋아하는 것이 스시와 책이라고 했고, 억만장자 워렌 버핏은 주식 시장에 발을 들였을 때 깨어 있는 시간의 3분의 1을 독서에 투자했고 지금도 하루에 500페이지를 읽는다고 했습니다. 동서고금을 막론하고 세계적인 리더에게 공통적으로 독서습관이 있었다는 사실은 간과할 일이 아니라고 봅니다. 한 번뿐인 인생을 어떻게 설계하느냐는 독서습관에 달려 있다고 해도 지나치지 않다고 생각합니다.

독서습관을 만드는 독서환경

독서습관은 타고나는 것이 아니라 길러지는 것입니다. 즉, 인생의 경쟁력이 되는 독서습관은 매일의 독서 훈련을 통해 만들어지는 것입니다. 자신의 인생을 바꿀만한 독서습관이 타고나는 것이라면 어쩔 수 없지만, 기를 수 있는 것이라면 한 번 도전해볼 만하지 않을까요?

독서습관을 만드는 독서 훈련은 환경과 반복이라는 두 가지 요소에 크게 좌우됩니다. 아이에게 있어 환경은 타고난 개성과 기질을 어떤 강점으로 만들 수 있느냐의 문제이기 때문에 그 중요성을 아무리 강조해도 지나치지 않습니다. 독서 훈련은 양적, 질적으로 풍요로운 독서 환경의 영향을 많이 받습니다.

독서 환경을 크게 세 가지로 나누어 보겠습니다.

첫째, 책이죠. 아이가 사방팔방 책으로 둘러싸여 있고, 눈을 뜨나 감으나 책이 있는 환경에서 양육된다면 어떨까요? 아이는 어려서부터 책을 익숙하고 당연하게 받아들이게 되겠죠. 그리고 매일 책을 보다 보면 친근감이 생기겠죠. 아직 읽지는 못하나 책을 쳐다보는 것만으로도 이미 독서가 시작된 겁니다.

둘째, 책 읽는 부모입니다. 아이는 모방의 천재이고 부모는 아이의 롤모델이죠. 부모가 자녀에게 보이는 행동은 그 어떤 말보다 강력합니다. 어쩌면 책이라는 물리적인 도구보다 책 읽는 부모의 모습이 더 효과적인 독서 환경이 될 수 있습니다. 부모가 책을 읽는 모습을 보여주는 것 자체가 독서 환경이자 독서 훈련이라고 볼 수 있죠. 부모 자신은 전혀 읽지 않으면서 자녀에게 독서를 강요하는 것은 독서에 대한 반항심만 키울 뿐입니다.

셋째, 아이에게 책을 읽어주는 것입니다. 일상에서 부모가 자신에게 읽어주는 이야기를 듣고 자라는 아이는 독서 씨앗을 많이 심게 됩니다. 씨앗을 많이 뿌린 만큼 열매도 많이 거두겠죠. 그 열매는 바로 평생 독서가입니다.

이 세 가지 독서 환경은 독서가로 훈련하기 위한 기본 환경입니다. 중요한 것은 아이는 어느 정도 자랄 때까지 스스로 환경을 조성하지 않는다는 점입니다. 그러므로 부모의 역할이 중요합니다. 우리 집에 책 대신 TV가 있다면, 책 읽는 부모 대신 TV 앞에 있는 부모가 있다면, 아이는 당연히 책이 아니라 TV를 선택합니다. 평생 독서습관을 들이는 데 환경이 얼마나 중요한지 아시겠죠?

규칙성, 반복성, 강제성의 독서 훈련

환경만 조성된다고 독서습관을 기를 수 있을까요? 환경도 중요하지만, 반복적인 훈련도 중요합니다. 독서 훈련은 규칙성, 반복성, 강제성의 3요소가 필요합니다.

규칙성이란 독서 환경 속에서 독서에 관한 활동을 규칙적으로 해야 한다는 말입니다. 생활 속에서 독서습관이 자리 잡기 위해서는 되도록 정해진 시간에 매일 책을 읽어주어야 합니다. 예를 들어 아이가 잠자리 독서습관을 지니도록 하려면 매일 잠들기 전 20분씩 시간을 정해서 읽어주어야 한다는 것이죠.

반복성이란 지속성을 의미합니다. 책 읽기의 규칙을 정했다면 매일 반복해야 합니다.

강제성은 규칙과 반복을 통해 자신만의 독서습관이 만들어지기까지는 일정 부분 강제성이 필요하다는 뜻입니다. 여기에서 말하는 강제성은 일방적인 강요와는 다릅니다. 부모와 함께하는 독서의 강제성은 아이들 입장에서는 기분 좋은 강제입니다. 규칙성, 반복성, 강제성 이 세 가지는 독서습관을 만들기 위해 필요한 훈련 과정입니다.

독서습관은 인생 습관 중 삶의 질을 좌우하는 가장 중요한 습관입니다. 부모 역할 중 최고는 아이의 독서습관을 길러 주는 게 아닐까요? 부모와 함께하는 훈련이라면 아이도 기꺼이 동참할 것입니다.

"Not all readers are leaders, but all leaders are readers."
"모든 독서가가 리더는 아니지만 모든 리더는 독서가다."

이 말은 한국 전쟁 때 미군 파병을 결정한 해리 트루먼 대통령이 남긴 말입니다. 그는 고등학교까지만 다녔으나 엄청난 독서를 통해 인문적 교양을 쌓았습니다. 그가 말했듯이 독서습관이 있다고 모두 지도자가 되는 것은 아니지만, 세상의 지도자는 모두 독서습관을 지닌 독서광이었다는 것은 확실합니다. 독서습관은 거듭되는 훈련에서 비롯된 것이라는 것을 잊지 마세요.

07

책은 장르마다
읽는 법이 다르다

　지금 이 책의 PART 2 '독서도 배워야 할 수 있다'에서 논하고 있는 것은 우리가 아이와 독서할 때 실수하는 것들에 대해서입니다. 사실, 부모도 독서에 대해 제대로 배워본 적이 없습니다. 학교 다닐 때 국어 시간에 배우는 것이 독서 아니냐고 생각하는 분이 계실 수 있겠죠. 그러나 국어 과목에서 다양한 글을 배우는 것이 독서에 도움은 줄 수 있으나, 독서 자체를 배우는 것은 아닙니다. 따라서 부모 역시 독서의 본질을 이해하지 못하면서도 자녀의 독서 훈련에 개입하게 되는 것입니다. 아이가 독서를 진심으로 즐기지 못하고 공부로만 여기며, 독서하는 흉내만 내는 이유가 바로 여기에 있습니다.

요즘 아이를 키우면서 독서에 관심을 두지 않는 부모는 드물 것입니다. 관심도 중요하지만, 이제는 독서에 대해 제대로 이해하고 아이에게 올바로 도움을 줄 수 있어야 합니다.

책의 종류를 구분하자

우리가 아이와 독서를 할 때 실수하는 것 중 하나가 모든 책을 같은 방법으로 읽는다는 것입니다. 책은 그 종류가 매우 다양합니다. 모양이나 내용, 글을 전개하는 방식과 구조, 글의 목적 등이 책마다 다릅니다. 저자마다 생각과 글 쓰는 스타일이 다르니 어쩌면 당연한 거겠죠.

그런데도 많은 사람이 읽고 내용만 파악하면 된다며 모든 책을 똑같이 여기는 경향이 있습니다. 그러나 이렇게 읽어서는 독서에서 얻고자 하는 것의 절반도 얻지 못합니다. 제대로 된 독서를 위해서는 먼저 책의 종류를 구분할 수 있어야 합니다.

독서는 책과의 대화입니다. 우리는 다른 사람과 대화할 때 어떻게 하나요? 원활히 소통하기 위해 먼저 상대를 이해하려 노력하죠? 구체적으로는 상대의 생김새, 말투와 억양, 대화 방식, 대화 목적 등을 이해하고 커뮤니케이션을 준비하죠. 그래야 제대로 소통할 수 있으니까요. 이처럼 독서할 때도 책의 종류를 이해하고 난 다음 그에 따라 독서 전략을 세워야 제대로 읽을 수 있습니다.

그럼 책의 종류나 장르는 어떻게 구분할 수 있나요? 단행본의 경우는 책의 종류를 파악하기 위해서 표지 읽기, 훑어 읽기의 전략이 필요합니다. 어린이 책의 경우는 책의 제목과 표지만 읽어도 종류나 장르를 대충 알 수 있습니다. 더 나아가 글의 구조와 형식을 구분하려면 책 전체를 대강 훑어보거나 또는 출판사에서 제공하는 팸플릿이나 가이드북을 들여다보면 됩니다.

단행본과 달리 전집을 사는 대다수의 부모는 아이의 성장 단계를 고려해서 창작이나 명작, 전래, 위인 등으로 장르를 구분하여 사주고 읽히기도 합니다. 그래서 전집의 경우 책의 장르를 구분하기는 쉬우나 각 장르에 따른 읽기 전략을 구사하지는 않아 책 읽는 목적을 달성하지 못하는 경우가 많습니다.

책의 종류나 장르를 구분하는 이유는 그에 따른 각각의 읽기 전략을 구사하기 위함이라는 것을 놓치면 안 됩니다. 이 부분에 대해서는 PART 3에서 좀 더 구체적으로 다루도록 하겠습니다.

문학은 리딩존(reading zone)이 필요하다

책의 종류를 구분한다는 것은 장르의 구분뿐만 아니라 글의 종류, 글의 구조, 글의 전개 방식을 구분한다는 의미입니다. 다른 말로 하면 문학과 비문학을 구분하여 그에 따른 읽기법을 구사한다는 것입니다.

아동용 책은 주로 문학의 형태가 많습니다. 창작, 전래, 명작 등이 대표적인 문학 장르라고 볼 수 있습니다. 아이들에게 문학은 여러 가지로 유익한 영향을 끼치는데요, 문학의 스토리는 감각적이고 감성적인 아이들의 공감을 빨리 일으켜서 집중과 이해를 높이죠. 아이들은 문학을 통해 자신과 자신이 살아가는 세상을 이해하고, 욕구를 충족하고, 스트레스를 해소하기도 합니다.

또한, 스토리로 받아들이는 정보는 기억에 오래 남습니다. 인간의 두뇌는 하나의 사실을 독립적으로 기억할 때보다 앞뒤 맥락을 가지고 기억할 때 더 잘 기억하기 때문입니다. PART 1에서 정보보다 스토리텔링을 요구하는 사회에 대해 살펴봤습니다. 어려서부터 스토리를 자주 접하는 아이는 정보를 스토리로 구현하는 능력이 발달할 수밖에 없죠. 따라서 아동에게 문학작품 읽기는 성장 발달에 있어서나 경쟁력을 가지기 위해서 필수라고 볼 수 있습니다.

문학 장르 읽기 전략은 별다를 게 없습니다. 그저 스토리에 푹 빠지도록 도와주면 됩니다. 미국 메인주 엣지콤에 설립된 독서학교 CTL(Center for Teaching and Learning)에서는 이런 독서의 몰입 상태를 "아이만의 '리딩존'으로 들어가는 행위"라고 했습니다. '리딩존'이란 '독서가가 현실을 뒤로하고 책으로 들어가 등장인물의 감정과 상황을 자신의 것처럼 느끼는 상태'입니다. 이런 '리딩존'의 경험은 주로 문학작품 읽기를 통해서 이루어집니다. '리딩존'의 경험을 한 번이라도 맛본 아이라면, 어떻게 책을 읽지 않을 수가 있을까요? 문학을 통해 타인의 삶으로 들어갈 기회를 주세요. 그로 인해 자신의 삶이 더욱 풍요로워질 테니까요.

생선 가시를 발라내듯 읽는 비문학

다음은 문학이 아닌 비문학에 대해서입니다. 문학이 시, 소설, 수필 등이라면 비문학은 설명문, 논설문, 기록문 등과 같은 것입니다. 비문학은 이야기 전달이 중심이 아니라 지식과 정보를 설명하고 전달하는 것이 중심입니다.

아동 도서에는 지식과 정보 전달의 목적을 가지고 동화와 같은 이야기로 풀어내는 경우가 많은데요, 예를 들자면 수학동화, 과학동화와 같은 것이죠. 이런 경우 자칫 이야기 중심으로 읽게 되면, 책의 의도와는 다른 길로 빠지기 쉽습니다. 그러므로 아동의 재미와 이해를 돕기 위해 이야기를 사용했지만, 결국 지식과 정보전달이 목적이므로 그에 따른 읽기 전략을 구사해야 합니다.

비문학 읽기는 한 권의 책에서 달성하고자 하는 목표를 분명히 이해하고 난 다음 책을 읽어야 합니다. 그리고 내용을 충분히 소화하기 위해 반복 읽기 전략을 구사해야 합니다. 이를 통해 이야기와 지식정보를 분리해내야 하기 때문입니다. 마치 생선 가시를 발라내는 것처럼 말입니다. 그리고 책을 통해 새롭게 알게 된 지식정보를 자신의 것으로 내면화하기 위해 정리하는 것까지 나아가야 합니다.

이렇듯 스토리 자체에 빠져드는 문학의 읽기 전략과 생선 가시를 발라 살을 골라내야 하는 비문학 읽기 전략은 다릅니다. 부모가 먼저 이것을 구분하고 이해해야 아이를 제대로 된 독서가로 키울 수 있습니다.

《독서의 기술》의 저자 모티머 J. 애들러는 "독서는 보이지 않는 교사로부터의 배움"이라고 했습니다. 과목이 다르면 가르치는 방법이 다르다는 것을 우리는 잘 알고 있습니다. 그래서 과목에 따라 공부 전략도 다르게 세우죠. 마찬가지로 책의 종류나 장르를 구분하고 그에 따른 읽기법을 익혀야 합니다. 이것이 바로 평생 독서가로 가는 첫 번째 전략입니다.

우리아이가 독서에
실패하는 7가지 이유

독서의 중요성을 인지하지 못하는 부모는 드뭅니다. 그러나 과연 내 아이 인생에 독서가 어떤 역할을 하는지 제대로 인지하는 부모가 얼마나 될까요? 그저 독서를 많이 하는 것이 좋다고 생각해서 책을 사주기에만 급급했던 것은 아닌가요? 옆집 엄마가 책을 사주니 나도 사줘야 한다는 경쟁심으로 시작한 것은 아닌가요?

많은 아이가 독서를 열심히 하고 있습니다. 그러나 책 읽는 것이 즐거워서 읽는 아이는 드뭅니다. 우리나라처럼 부모의 교육열이 높고 자녀 독서에 대한 니즈가 강한 나라에서 말이죠. 그저 책 속의 글자만 열심히 들여다보다가 학년이 올라갈수록 점점 책과 멀어지죠. 이유가 무엇일까요?

핵심 포인트!

첫째,

엄마가 책을 읽어주지 않는다.

둘째,

아이의 발달 단계와 목적에 상관없이 책을 구입한다.

셋째,

내적 동기를 부여하지 못한다.

넷째,

읽기 독립을 빨리 시킨다.

다섯째,

책 읽기가 일상 활동이 아니라 특별 활동이다.

여섯째,

무리하게 또는 의무적으로 독후활동을 시킨다.

일곱째,

부모가 독서를 우선순위에 두지 않는다.

PART 3

독서혁명 둘,
장르별 독서 코칭을 하라

1. 글보다 그림 읽기가 중요한 그림책 읽기

2. 상상력과 창의성을 길러내는 창작 읽기

3. 삶의 기준을 세워주는 전래·명작 읽기

4. 공부의 첫 인상을 좌우하는 지식그림책 읽기

5. 논리적 사고력을 훈련하는 수학·과학 읽기

6. 삶의 나침반을 제시하는 역사·인물 읽기

7. 좀 더 깊은 사고의 바다로 가는 고전 읽기

8. 공부의 기본이 되는 교과서 읽기

독서는 책과의 대화입니다. 우리는 다른 사람과 대화할 때 어떻게 하나요? 원활히 소통하기 위해 먼저 상대를 이해하려 노력하죠? 구체적으로는 상대의 생김새, 말투와 억양, 대화 방식, 대화 목적 등을 이해하고 커뮤니케이션을 준비하죠. 그래야 제대로 소통할 수 있으니까요. 이처럼 독서할 때도 책의 종류를 이해하고 난 다음 그에 따라 독서 전략을 세워야 제대로 읽을 수 있습니다.

01
글보다 그림 읽기가
중요한 그림책 읽기

아이들이 태어나서 가장 먼저 접하는 책은 무엇일까요? 그림책입니다. 아마도 나이와 상관없이 지속해서 접하게 되는 책도 그림책일 겁니다. 그림책은 특히 아이의 초기 성장기 10여 년 동안 생활 전반에 영향을 미칩니다. 그리고 그림책 읽기는 이후 독서의 기반을 형성하죠. 따라서 이 시기에 독서의 주도권을 가진 부모가 그림책의 중요성과 아이에게 미치는 영향을 이해하는 것이 꼭 필요합니다.

아이의 독서는 그림 읽기가 전부다

여기서 논하는 그림책이란 그림동화, 그림이야기책을 포함하는 것으로 글과 그림이 어우러져 있어 이해하기가 쉬운 책을 말합니다. 아직 글을 모르는 유아는 책의 그림을 읽는 것만으로도 어느 정도 내용을 이해할 수 있습니다. 여기에서는 아이에게 그림책을 읽어줄 때 어디에 중점을 두어야 하는지에 대해 살펴보겠습니다.

대부분 부모는 그림책을 읽어줄 때 그림보다 글을 읽어주는 데 급급해 합니다. 그림책인데도 아이에게 필요한 영양분은 모두 글에 담겨 있다고 생각하기 때문이겠죠. 또한, 그림은 단지 글의 보조역할에 그친다고 생각하거나, 글의 내용을 아이에게 빨리 알려주고 싶은 마음 때문일지도 모르겠습니다.

하지만 이건 온전히 이성의 뇌가 발달한 어른의 입장일 뿐입니다. 아이는 아직 이성보다 감성에 좌우되기 때문에 어른과 달리 글보다는 그림이 우선입니다. 그림책에서 어른에게 텍스트는 활자지만 아이에게 텍스트는 그림입니다. 이것을 인지하지 못하는 부모가 아이에게 책을 읽어주면, 아이와 독서 호흡이 잘 맞지 않게 되죠. 따라서 아이는 독서의 재미가 떨어질 수도 있는 겁니다.

인간의 두뇌는 시각인지체가 청각인지체보다 30배나 많다고 합니다. 즉, 보는 것이 듣는 것에 비해 기억에 보관될 확률이 30배나 높다는 것이죠. 또 이미지의 인식은 태어나면서 시작되지만, 문자 인식은 몇 년 후에나 가능합니다. 따라서 아이의 관심이 그림에 있는 것은 당연합니다.

한 연구에서 4~6세 아동 아홉 명을 대상으로 부모가 책 읽어주는 것을 150시간 녹취하고, 아이가 하는 질문의 종류를 분석했습니다. 아이들은 2,725개의 질문을 했는데, 그중 상당수는 그림에 관한 것이었습니다. 평균적으로 아이들은 책 한 권당 일곱 개의 질문을 했고, 그림에 관한 질문이 이야기에 관한 것보다 두 배나 많았습니다. 더욱 놀라운 사실은 질문의 10%만 글자나 문장에 관한 것이었고, 단어의 뜻을 묻는 것은 고작 5%뿐이었습니다. 이처럼 아이는 어른의 생각과 다르게 글의 내용이나 단어의 의미에 관심이 별로 없습니다.

아직 그림을 읽고 있는 중

아이는 부모를 통해 그림책을 읽습니다. 그러므로 아이의 책 읽기에 문제가 있다면, 그것은 부모의 문제라고 볼 수 있습니다. 부모는 대부분 정보를 논리적인 사고를 통해 이성적으로 받아들입니다. 그런데 부모는 글을 모르는 아이를 대할 때에도 아이의 사고 메커니즘이 자신과 다르다고 생각하지 못합니다. 그래서 오래전 자신이 아이였을 때를 기억하지 못하고 어른의 방법으로 책을 읽어주는 거죠.

아이는 그림을 천천히 읽으며 더 머물고 싶어 하지만, 어른은 글을 따라 이야기를 쫓아가며 페이지를 빨리 넘겨버립니다. 자신이 무엇을 원하는지 정확히 알지 못하고 표현도 서툰 아이는 부모의 방식에 그저 따라갈 수밖에 없죠. 그러면 어떻게 될까요? 부모는 아이에게 열심히 책을 읽어준다며 뿌듯해하겠지만, 정작 아이가 얻는 것은 별로 없겠죠.

물론 글의 내용이 중요하지 않다는 말은 아닙니다. 다만, 그림과 글이 조화를 이루며 이야기를 만들어내는 것이 그림책임을 이해하고 동시에 그림책을 읽는 아이의 특성도 제대로 바라볼 줄 알아야 한다는 것입니다.

따라서 아이가 그림과 대화를 충분히 나눌 수 있도록 유도하고 기다려주는 센스가 필요합니다. 아이의 눈은 그림을 읽고 있으며, 부모가 읽어주는 이야기를 힌트 삼아 그림을 더 잘 이해하려고 노력하고 있음을 알아야 합니다.

이것은 아이가 글을 뗀 후에도 마찬가지입니다. 아이는 글자를 읽을 줄 알지만, 여전히 그림 읽기가 먼저이고 그림 읽기가 글자 읽기보다 수월합니다. 이런 과정을 지나 그림보다 글자 읽기가 익숙해질 즈음 그림책을 떼고 문고판 읽기로 넘어가게 되는 거죠.

부모가 아이의 이런 속성을 모르고 처음부터 글만 강조하며 읽어주면, 아이도 점차 자신의 본능과 달리 글자만 읽게 됩니다. 한마디로 반쪽짜리 독서가 되는 것이죠. 이런 경험이 반복되면 추상화된 언어인 기호, 지도, 도표 등을 싫어하게 됩니다.

그림책은 아이가 태어나자마자 사귈 수 있는 첫 번째 친구입니다. 그리고 부모와 더 깊은 애정을 나누게 하는 훌륭한 매개체입니다. 그러므로 독서는 세상에서 가장 신뢰하는 존재와 함께 나누는 사랑입니다.

부모의 품에서 그림책을 읽는 아이는 부모의 사랑을 깊이 느끼며, 감각과 정서가 발달합니다. 일상에서 맛보지 못하는 다양한 색과 모양, 동물과 사물을 표현하는 그림을 보며 심미안이 발달합니다. 또한 일상적인 어휘는 물론, 좀 더 섬세하고 고급스러운 어휘를 습득하는 기회가 됩니다. 그림책은 아이가 현실에서 보고 듣는 세상을 넘어 새로운 세상으로 안내해주는 특별한 친구입니다. 이런 친구가 또 있을까요?

장애아를 비장애아로 이끈 그림책

그림책이 아이에게 미치는 효과는 우리의 상상 이상입니다. 도로시 버틀러(Dorothy Butler)는 《쿠슐라와 그림책 이야기》를 통해 그림책이 아이에게 미치는 영향을 섬세하고 구체적으로 설명합니다.

쿠슐라는 유전적 요인에 의한 염색체 손상으로 지적장애와 심각한 신체장애를 가지고 태어났습니다. 비장, 신장, 구강의 심한 장애로 수시로 근육경련이 일어났고, 밤에도 두 시간 이상 자지 못하는 일이 많았습니다. 4살이 될 때까지 물건을 잡지도 못했고, 청력뿐 아니라 시력도 좋지 않아 사물을 분간하는 일도 어려워했습니다. 쿠슐라가 네 살이 되었을 때 의사는 '지적장애 및 신체장애'로 판정했고, 아이를 전문기관에 보내라고 권유했습니다. 그러나 쿠슐라의 부모는 이를 거절했습니다. 쿠슐라가 어려서부터 책에 보인 반응을 믿었기 때문입니다.

쿠슐라의 엄마는 아이가 4개월 때부터 책을 읽어주기 시작했습니다. 장애를 가지고 태어난 아이에게 달리해줄 수 있는 것이 없었기 때문에 시작한 일이었습니다. 그런데 그림책 읽어주기가 거듭되자 아이는 9개월쯤에 자신이 좋아하는 책을 구분하게 되었습니다. 부모는 아이를 전문병원에 위탁하는 대신 매일 열네 권의 책을 읽어주었죠. 놀랍게도 쿠슐라가 여섯 살이 되었을 때 심리학자들은 아이가 평균 이상의 지능을 갖추었고, 사회에도 충분히 적응할 수 있다고 평가했습니다.

이 이야기는 실화입니다. 쿠슐라의 부모가 뭔가 대단한 일을 해서 기적이 일어난 것은 아닙니다. 쿠슐라의 부모는 아이를 믿고, 매일 꾸준히 책 읽어주기를 실천했을 뿐입니다.

《쿠슐라와 그림책 이야기》의 저자 도로시 버틀러는 쿠슐라의 외할머니입니다. 그녀는 어린이 책과 읽기 교육 분야에서 세계적인 권

위자로 인정받은 사람입니다. 장애아인 손녀 쿠슐라의 성장 과정을 심층 분석한 그녀의 교육학 학위 논문이 책으로 출간되면서 전 세계에 폭발적인 반향을 불러일으켰습니다.

쿠슐라의 엄마가 장애아로 태어난 아이에게 스스럼없이, 그리고 의심 없이 그림책을 읽어줄 수 있었던 것은, 그녀 또한 성장 과정 내내 책과 함께 있었기 때문이었습니다. 그녀는 어려서부터 잠자기 전만이 아니라 낮이든 밤이든 늘 책을 읽어주는 가정에서 자랐습니다. 그런 자신이 부모가 되었을 때 아이에게 책을 읽어주는 것은 지극히 자연스러운 일이었죠. 그녀의 아이에게 장애가 있건 없건 말입니다.

책에 대한 믿음

태어나 성장하는 아이에게 끊임없이 말을 걸고, 이야기를 많이 해주는 것은 아이의 여러 발달과 연관이 매우 큽니다. 그중에 그림책이라는 매개체가 좀 더 풍부한 성장 자극이 되는 것은 틀림없습니다. 아이는 부모가 제공하는 환경 속에서 스펀지가 물을 빨아들이듯 무엇이든 빨아들입니다. 따라서 부모는 아이에게 어떤 종류의 환경을 주고 자극을 줄 것인지 진지하게 생각해야 합니다.

도로시 버틀러는 쿠슐라가 태어나기 전부터 책이 아이의 삶을 풍요롭게 해줄 힘이 있다는 것을 굳게 믿고 실천한 교육 전문가였습니다. 그런데도 자신의 손녀 쿠슐라로 인해 확인한 책에 대한 믿음과 견주어보면 이전의 믿음은 아주 약한 것이었다고 고백합니다.

"나는 글자와 그림이, 이유가 무엇이든, 이 세계와 단절된 아이에게 무엇을 주는지 안다. 그러나 또한 아이에게 맞는 책을 보여줄 사람이 있어야만 책이 아이에게 영향을 줄 수 있다는 것도 안다. 만약 쿠슐라가 다른 부모에게 태어났다면 그 부모가 아무리 똑똑하고 착하더라도 쿠슐라가 아기 때부터 책에 있는 말과 그림을 만나지 못했을지도 모른다."

우리 아이도 쿠슐라처럼 자신의 문제를 잘 극복하고 성장할 수 있습니다. 그림책을 함께 보고 읽어주는 부모가 있다면요.

02

상상력과 창의성을
길러내는 창작 읽기

　현재 우리나라에서 진행되고 있는 2015 개정교육의 목표는 창의
융합형 인재의 양성입니다. 교육부는 창의융합형 인재란 "인문학적
상상력과 과학기술 창조력을 갖춰 새로운 지식을 창조하고 다양한
지식을 융합하여 새로운 가치를 창출할 수 있는 사람"이라고 정의합
니다.

　교육이 이처럼 자꾸 새로운 변화를 꾀하는 것은 사회에서 요구하
는 인재상이 변하고 있기 때문이죠. 최근 삼성그룹에서 창의성 면접
이 도입되어 화제가 되었습니다. 삼성의 인사 관계자는 "창의성 면접
은 지원자의 독창적인 아이디어와 논리 전개 과정을 평가하는 것이

다. 정답이 있는 문제가 아니기 때문에 위축되거나 포기하지 않고 자기 생각을 당당하게 표현하는 것이 중요하다."고 했습니다.

시대의 변화에 끌려가는 것이 아니라 변화를 주도해야 기업은 생존할 수 있습니다. 최근 각 기업이 블라인드 면접, 프레젠테이션 면접, 1박2일 토론 면접 등으로 점차 채용 방식을 바꾸고 있는 것을 주목해볼 필요가 있습니다. 이런 유형의 면접에서 경쟁력을 가지려면 과연 언제부터, 무엇을 준비해야 할까요?

논술형 시험 IB는 독창성이 경쟁력

이제 정형화된 시스템 속에서 하나의 정답을 가지고 문제를 해결하는 시대는 지났습니다. 수시로 변하는 사회에서 나타날 문제를 예측하고 대안을 세워 독창적인 방법으로 해결해야 하는 시대입니다. 따라서 이런 세상에서 살아갈 아이들이 창의적인 태도로, 자기만의 방식으로 문제를 해결할 수 있도록 교육을 통해 훈련돼야 하는 거죠. 이것은 어느 한 사람, 혹은 어느 한 기관만의 문제가 아닙니다. 가정과 공교육·사교육 기관 공동의 숙제이며 책임입니다. 아이가 바로 우리의 미래이니까요.

이웃 나라 일본은 객관식으로 치러지는 대입센터시험을 2020년에 폐지하기로 했습니다. "4차 산업혁명 시대에 교육이 바뀌지 않는

다면 국가적 재난이 올 것"이라고 경고한 일본 교육부가 객관식 대입
시험 대신 선택한 것은 논술형 시험인 IB(International Baccalaureate,
국제 바칼로레아)입니다. 우리나라도 현재 제주 교육청과 충남 교육
청에서 IB를 도입했고, 다른 지역에서도 IB 도입을 적극적으로 검토
하고 있습니다.

　IB는 1968년 스위스에 설립된 국제 바칼로레아 기구(IBO)가 주관
하는 국제공인 교육과정입니다. 3살부터 19살까지 초등·중등·고등,
세 단계 교육과정 프로그램을 제공합니다. 일본에서 선택한 대입전
형은 고등과정(대입진학과정)입니다. IB의 고등과정은 언어, 외국어,
수학, 과학, 인문사회, 예술 등의 총 여섯 개 과목을 이수해야 합니다.
이 과정에서 획득한 점수로 국내뿐 아니라 IBO에 등록된 전 세계 대
학에 입학할 수 있는 자격이 주어집니다.

　IB는 주입하고 암기하는 공부가 아니라 지식을 기반으로 생각하
고 토론하고 에세이를 작성하며 독창성을 키우는 공부입니다. 따라
서 IB의 모든 시험은 정형화된 답이 없고 서술형·논술형으로 이루어
져 있습니다. 어떤 주제에 대해 자신의 사고를 창의적이고 논리적으
로 펼쳐내야 합니다. 이런 시험문제를 주입식의 암기형 공부로 해결
할 수 있을까요?

이미 준비된 아이들
- - - - - - - - - - - - - - - - - -

4차 산업혁명 시대를 살아가는 인간에게 가장 필요한 역량
은 무엇일까요? 그건 '공부하는 기계'가 할 수 없는 생각, 즉 상상력
과 창의성입니다. 인간만이 가질 수 있는 상상력과 창의성이 세상을
바꾸고 있습니다. 이런 세상에서 이 두 가지 능력은 누구에게나 필
수라는 것을 알아야 합니다.

상상력과 창의성은 누구에게는 있고 누구에게는 없는 능력이 아
닙니다. 우리 모두에게 잠재된 능력입니다. 즉, 모두에게 있으나 저절
로 발휘되는 능력은 아니라는 것입니다. 이 잠재적 인자는 그것을 활
성화해주는 적합한 환경과 만나야 개발되고 발휘되기 시작합니다.
이것은 단기간에 이루어지는 것이 아니며, 천편일률적인 교육 방식
으로는 절대 키울 수 없는 능력입니다. 그렇다면 우리 아이에게 잠재
된 상상력과 창의성을 언제, 어떻게 깨어나게 할 수 있을까요?

일단 어린아이의 특징을 보세요. 어렸을 때는 사고의 경계가 없
고, 현실과 허구의 구분이 모호하고, 모든 것이 살아있다고 느끼는 물
활론적 사고를 하는 때죠. 감각을 이용하여 인지능력을 키우고 특히,
직관이 살아있는 때입니다. 아직 자기 생각을 어른처럼 분명하게 표
면화시킬 수는 없지만, 상상력과 창의성을 발휘할 수 있는 최적의 특
징을 가지고 있는 시기입니다.

이 시기에 이러한 능력을 발달시킬 수 있는 환경을 통해 지속해서

자극받으면 상상력과 창의성이 풍부한 인재로 성장하게 됩니다. 더불어 자신만의 직관과 감각을 사용할 수 있는 아이로 성장합니다.

　따라서 이 시기에 아이는 상상력과 창의성을 자극할 수 있는 환경을 자주 접해야 하는데, 가장 효과적인 것은 스토리를 접하게 하는 것입니다. 상상력과 창의성이 풍부한 스토리, 이야기 속 주인공과의 만남은 아이의 생각을 확장해주고 상상의 날개를 달아줍니다. 아이가 접하는 이야기는 남의 이야기가 아니라, 자신의 이야기와 경험이 됩니다. 따라서 21세기에 그 어떤 종류의 책보다 우선시해야 하고, 다양하게 많이 그리고 지속해서 접해야만 하는 책은 창작그림책입니다.

　일상생활에서는 아이만의 고유한 특징이 무시되기 일쑤입니다. 그러다 보면 아이는 일상생활에 생각이 고정화되기 쉽습니다. 현실적으로 생각하기를 강요당하고, 감각적이기보다는 이성적이기를 요구받습니다. 특히 아날로그 시대에 태어나 주입식 공부를 당연하게 여기는 부모 밑에서 자라는 아이는 상상의 세계에서 뛰놀기보다 단순 지식을 암기하는 걸 더 요구받기가 쉽겠지요.

　이때 아이의 본성을 불러일으켜 아이만의 세계를 발달시킬 수 있도록 도와주는 것이 상상의 이야기입니다. 무한대로 생각을 펼칠 수 있고, 현실에서는 불가능한 일을 맘껏 해볼 수 있는 세계가 창작 스토리의 세계입니다.

　논리적이고 이성적인 어른에게는 허황된 이야기겠지만, 감각적이고 직관이 뛰어난 아이에게는 흥미진진한 세계입니다. 그 스토리 속에서 아이는 헤엄치며 상상력과 직관력, 창의성을 키워냅니다. 그러므로 부모는 아이가 그 속에 빠질 기회를 자주 줘야 합니다. 상상력과 창의성의 씨앗이 심어지고 있는 거니까요.

상상 목욕탕에서 헤엄치게 하라

피터 시스(Peter Sis)의 《공룡 목욕탕》은 글자 없는 창작그림책입니다. 공룡과 목욕탕은 어떤 관계가 있을까요? 주인공은 옷을 벗고 목욕탕에 들어가서 공룡 장난감을 갖고 놀기 시작합니다. 그런데 갑자기 물속에서 진짜 공룡 한 마리가 쑥 나오는 겁니다. 그러더니 점점 큰 공룡이 줄줄이 나와 목욕탕은 공룡 천국이 돼버립니다. 그림을 들여다보면 현실의 주인공은 점점 작아지고, 상상 속의 공룡은 점점 커지죠. 주인공의 상상이 폭발하는 순간, 욕조에 물이 넘쳐 엄마가 급히 수건을 들고 오자 공룡은 사라집니다. 비록 글자는 없지만, 아이가 주인공과 나누는 상상의 세계는 무한합니다.

아이가 어릴 때 혼자 욕조에 들어가 몇 시간을 보내는 이유를 이제 아셨나요? 아이는 어른과 다릅니다. 자신만의 세상에서 못할 일이 없죠. 아이는 이런 이야기를 통해 자신만의 세계를 꿈꿀 수 있습니다. 그것이 남과 다른 생각, 창의성의 기초를 이룹니다.

요즘에는 창작그림책도 여러 분야로 나누어집니다. 아이에게 창작그림책을 읽히는 목적도 다양합니다. 인성, 생활 습관과 태도, 리더십 등등을 목적 삼아 창작그림책을 읽게 합니다. 하지만 창작그림책을 읽는 가장 큰 이유는 현실 세계를 넘어 상상의 세계로 가기 위함입니다. 그로 인해 아이의 본성을 건드려주고 잠재된 상상력과 창의성을 깨워주기 위함입니다. 나아가 그것을 기반으로 남다른 문제해결력을 갖춰주기 위함입니다.

따라서 창작그림책은 논리를 따지는 어른의 시각보다는 엉뚱한 아이의 시각으로 볼 수 있어야 합니다. 생활, 인성, 가치관을 다루는 창작그림책도 필요하지만, 가급적 순수 창작그림책을 읽을 수 있도록 도와주길 권합니다. 기존의 관습에 얽매이지 않는 기발함, 고정관념을 벗어난 신선함, 풍자나 유머가 있는 스토리, 더 나아가 선과 색채가 분명하고 작가만의 특성과 예술성을 갖춘 그림이 있는 책을 선택하기를 권합니다. 그리고 아이와 함께 상상의 바다로 뛰어드세요.

좋은 창작그림책은 아이의 감수성을 자극하고, 새로운 관점을 주며, 남이 볼 수 없는 세계까지 볼 수 있도록 길을 열어줍니다. 그런 세계에 무한히 빠질 수 있는 때가 바로 지금입니다. 놓치지 마세요!

03

삶의 기준을 세워주는
전래·명작 읽기

　아이의 독서에서 장르 선택은 아이의 발달 단계와 관련 깊습니다. 아이의 개성에 따라 특정 장르를 택하기도 하지만, 대부분은 발달하는 영역에 따라 선택이 달라집니다.

　아이의 발달 상황을 주의 깊게 관찰하면서 그 '때'를 안다는 것은 매우 중요한 일입니다. 무엇이든 타이밍이 적절할 때 아이가 자연스럽게 받아들이고 또, 그 효과도 크기 때문이죠. 따라서 책의 장르를 선택할 때 아이의 발달단계보다 너무 이르거나 너무 늦은 책을 선택하면, 아이가 독서에 재미와 흥미를 잃어버리기도 합니다.

　그러므로 책의 선택은 유행이나 부모의 기준이 아니라 아이의 발달단계, 개성, 기호를 고려해야 합니다. 같은 나이의 옆집 아이가 재미있게 읽거나 수월하게 읽는 책이라고 해서 우리 아이도 그러리라는 법은 없습니다. 타고난 기질이나 자라는 환경이 다른 만큼, 아이의 개성이 다르다는 것을 이해해야 합니다. 그러니 아이의 독서 수준이 높다느니 또는 낮다느니 할 필요가 없습니다. 아이들 각자 받아들이고 느끼는 부분이 다르기 때문이죠.

따라서 우리 아이가 재미를 느끼느냐 느끼지 못하느냐가 중요합니다. 아이가 책에 재미를 느끼지 못한다면, 우선 아이의 발달단계에 맞는지 점검해보고, 다음에 아이의 개성이나 기질에 맞는지 살펴봐야 합니다.

전래 · 명작동화가 가진 특성을 이해하면 보이는 것들

책은 장르에 따라 읽는 목적이 분명히 있습니다. 그 목적을 달성하기 위한 읽기 방법도 책에 따라 조금씩 다릅니다. 앞에서 살펴본 창작그림책은 아이의 상상력과 창의적 본성을 자극하는 것이 목적입니다. 따라서 창작그림책에서 중요한 것은 상상력을 자극할 수 있는 그림, 그리고 아이만의 세계를 다루는 기발한 이야기입니다. 이런 창작그림책은 아이가 그림을 감상하며 책의 이야기와 더불어 상상의 세계에 빠지면 읽기의 목적을 달성한 것입니다. 따라서 앞에서 살펴본《공룡 목욕탕》같은 창작그림책은 이야기의 앞뒤 연결과 맥락이 크게 중요하지 않습니다. 물론 모든 장르의 책이 다 그런 것은 아니죠. 우리가 여기서 살펴보고 있는 전래·명작동화 장르는 창작그림책과는 다른 목적, 다른 읽기 방법이 필요합니다.

그럼 우선 전래·명작동화는 언제, 왜 읽혀야 하는지 알아볼까요? 이것을 알기 위해서는 전래·명작동화 장르가 가진 특색을 먼저 이해해야 합니다.

첫째, 전래·명작동화의 이야기 속에는 반드시 하나 이상의 사건이 존재합니다. 그 사건을 일으키는 공간적·시간적 배경이 존재하고, 다양한 인물이 등장합니다. 따라서 전래·명작동화를 즐기려면 이야기의 배경을 알고, 등장인물의 성격과 그들이 벌이는 사건의 관계를 파악하고 예측해볼 수 있어야 합니다.

둘째, 하나 이상의 사건을 전개하기 위해 기승전결의 탄탄한 이야기 구조로 되어 있습니다. 그러므로 사건의 발단에서부터 해결까지 기승전결의 이야기 구조를 이해하지 못하면 앞뒤 맥락 이해가 안 되고 줄거리 파악이 안 됩니다. 그렇다면 독서의 즐거움이 떨어지겠죠.

셋째, 전래·명작동화의 사건 안에는 아이의 가치관을 세워주는 교훈이 있습니다. 권선징악, 효, 형제애, 우정, 사랑 등의 주제는 아이의 도덕관과 가치관, 인성을 바로잡아주는 역할을 합니다. 따라서 줄거리를 이해했다면, 그 속에 담긴 의도까지 파악할 수 있어야 합니다.

이야기와 사건, 등장인물을 파악했다고 해서 다가 아닙니다. 그 이야기를 통해 무엇을 얻었는지가 더 중요합니다.

따라서 이러한 전래·명작동화의 몇 가지 특징으로 볼 때, 단순한 그림책이나 자신과 생활 주변의 이야기를 하는 책과는 다른 읽기 전략이 필요합니다. 그리고 이것을 이해할 수 있는 적절한 때가 돼야 책의 즐거움을 맛볼 수 있는 거죠. 그때가 언제일까요?

평균적으로 6세 전후가 되면 자신만의 세계에서 벗어나 타인과 바깥세상에 관심이 생기기 시작합니다. 따라서 아이가 관심을 가지는 주제도 확장하기 시작하죠. 그동안의 관심사는 엄마, 아빠, 형제, 친구와 같이 자신의 주변 위주였다면, 이제는 사람들 간의 사랑, 우정, 생로병사 등과 관계된 세상에 관심이 생깁니다.

그러므로 이때 독서도 한 단계 나아가게 됩니다. 이때는 다양한 인물에 관심이 생기므로 그와 관련된 이야기 구조가 좀 더 복잡해야 흥미를 느낍니다. 그리고 갈등이 해결되는 모습에서 쾌감을 느끼기도 합니다. 다만, 어린이 책이라는 점을 고려할 때 이야기가 전달하고자 하는 주제는 한 가지로 명료해야 합니다.

이런 발달 단계의 욕구를 채워주고, 이 시기에 형성되는 도덕성과 가치관의 기반을 만들어주는 것이 바로 전래·명작입니다. 그럼 전래·명작은 어떤 책을 선택하고 어떻게 읽는 것이 효과적일까요?

전래·명작동화의 선택 요령과 읽기법

　　창작동화의 경우는 글이 없고, 그림만으로 상상하게 하는 책이 많죠. 글로 나타낼 수 있는 한계가 있으니까요. 그러나 전래·명작동화는 그림만으로 목적을 달성할 수는 없습니다. 전래·명작동화의 그림은 이야기의 재미를 더해주는 보조 역할이라고 할 수 있어요. 따라서 책을 선택할 때는 글의 주제가 명료한지, 표현방식이 아이에게 적합한지, 글의 전개방식이 탄탄한지를 먼저 살펴봐야 합니다. 이후에 그림이 글을 잘 보조해주고 있는지 살펴보면 됩니다. 누구나 다 아는 이야기라도 이런 조건이 잘 맞아떨어졌을 때, 아이는 독서에 재미와 흥미를 느낄 수 있습니다.

　　자, 좋은 책을 선택했다면, 제대로 읽는 능력도 필요하겠죠.

　　첫째, 전래 명작은 기승전결의 이야기 구조가 존재하죠. 따라서 그냥 글만 죽 읽는 것이 아니라 앞뒤 맥락을 가지고 이야기 구조를 이해하는 능력이 필요합니다. 이 정도는 누구나 할 수 있는 것이 아닌가 생각할 수 있으나 이야기 구조가 있는 글을 많이 접해보지 못했거나 훈련이 안되어 있으면, 이것도 어려워하는 아이가 많습니다.

　　이야기 전체를 읽어준 후, 또 아이 스스로 읽은 후, 어떤 내용이었는지 다시 들려달라고 해보세요. 엄마에게 이야기를 들려주기 위해서 아이는 더 집중해서 듣거나 읽기 마련입니다. 이때 엄마가 의도적으로 확인하려 한다는 것을 느끼게 하면 안 됩니다. 엄마도 즐거운 마음으로 아이의 이야기에 귀기울여 보세요. 아이의 독서 실력이 점차 좋아지는 것을 느끼게 됩니다.

둘째, 등장인물에 대해 깊이 공감하며 읽어야 합니다. 전래·명작의 등장인물과 아이가 관계를 맺을 줄 알아야 재미가 배가 됩니다. 그냥 이야기 속의 인물이 아니라 자신과 자기 주변의 인물을 떠올리며 연관성을 가지고 읽어야 합니다. 전래·명작을 읽을 때 아이에게 질문해 주세요. "너라면 어땠을까?"

셋째, 전래·명작은 스토리 속에 저자의 의도가 선명히 드러나는 장르입니다. 따라서 책을 읽으며 저자의 의도를 발견할 수 있어야 합니다. 전체를 읽고 어떤 생각이 들었는지, 무엇을 느꼈는지 물어봐 주세요. 아이가 스스로 책의 주제를 발견하지 못하면, 관련된 질문을 통해 깨우칠 수 있도록 도와주세요. 다시 한번 강조하지만, 이런 질문이 아이가 자신에게 무엇인가 확인하려는 질문이라는 생각이 들면 독서 자체를 싫어하게 될 수도 있으니 주의해야 합니다.

마지막으로 하나의 이야기를 여러 버전으로 읽어보며 관점을 확장해보는 것입니다. 예를 들어 '콩쥐팥쥐 이야기'의 원작은 하나지만 작가에 따라 또 출판사에 따라 표현 방식이나 글의 구조가 각기 다릅니다. 따라서 같은 이야기를 다양한 버전으로 읽어보며 비교하는 재미가 있죠. 이런 과정 속에서 아이는 좋은 책을 구분하는 능력이 생기고, 비판적인 사고력도 기르게 됩니다.

올바른 독서는 좋은 책에서 시작해서 제대로 읽는 독서가에 의해 완성됩니다. 전래·명작은 아이가 성장기에 꼭 한 번 이상은 읽는 장르죠. 이렇게 누구나 한 번쯤 읽는 데에는 그만한 이유가 있습니다. 그러니 더 신중하게 선택하고 올바로 읽을 필요가 있습니다.

04

공부의 첫 인상을 좌우하는
지식그림책 읽기

살아가면서 첫인상의 중요성을 느끼신 적이 있으시죠? 미국의 뇌 과학자 폴 왈렌(Paul Whalen)의 연구에 의하면 우리는 뇌의 편도체를 통하여 0.1초도 안 되는 극히 짧은 순간에 상대에 대한 호감도와 신뢰도를 평가한다고 합니다. 한 예로 모 취업 포털 사이트에서 기업의 인사 담당자를 상대로 설문조사를 했습니다. 그 결과, 기업의 인사 담당자 절반이 면접 시 지원자의 첫인상을 결정하는 데 채 2분이 안 걸린다고 대답했어요.

이런 현상을 심리학에서는 '첫인상 효과' 또는 '초두 효과'라고 합니다. 먼저 제시된 정보가 추후 알게 된 정보보다 더 강력한 영향을 미치는 것을 말합니다. 3초 만에 상대에 대한 인상이 결정난다고 해서 '3초 법칙'이라고도 하고, 처음 이미지가 단단히 굳어진다는 의미에서 '콘크리트 법칙'이라고도 하죠.

아이들은 지식그림책으로 공부를 처음 맛보게 된다

이런 현상은 인간관계뿐 아니라 생활 곳곳에서 다양하게 나타나는데요, 아이가 처음 지식을 다루게 될 때도 나타납니다. 아이가 본격적으로 지식을 다루게 되는 시점은 학교에 입학하면서부터입니다. 이때부터 우리가 흔히 말하는 '공부'가 시작되는 거죠. 그런데 우리나라 아이 대부분은 학교 입학이 곧, 공부의 시작이 아닙니다.

부모의 교육열이 어느 나라보다 높은데다, 조기교육에 대한 관심도 높아서 아이들은 학교에 들어가기 전에 공부 체험을 미리 하게 되는 경우가 많습니다. 이른바 '선행학습'이라고 하죠. 이를 당연히 여기는 부모가 대부분입니다.

사실 아이가 주도적이고 적극적인 학습 태도를 갖도록 약간의 도움을 주는 것은 매우 긍정적으로 볼 수 있습니다. 항상 지나친 게 문제죠.

유아기 및 유치기의 아이는 지식그림책으로 지식의 첫 체험을 하는 경우가 많습니다. 지식그림책이란 지식·정보 전달을 목적으로 만들어진 책입니다. 어린아이에게 지식·정보를 직접 설명하기엔 아직 발달 단계가 미치지 못하니, 아이가 좋아하는 스토리를 이용하여 지식·정보를 곁들이는 구조로 되어 있죠. 그리고 이야기 속에 숨어있는 지식·정보의 이해를 도와주기 위한 그림이 있습니다. 이런 지식그림책의 종류로는 수학, 과학, 사회, 문화, 역사 동화 등이 있습니다.

그런데 우리 집에 수학동화, 과학동화가 있어도 그것을 지식그림책이라고 생각하지 않는 부모가 간혹 있습니다. 그림이 있고, 스토리가 있으니 일반 동화책으로 여기는 거죠. 하지만 지식그림책은 형태는 동화책이지만 일반 동화책과는 목적이 다릅니다. 따라서 유행을 좇아 사줄 것이 아니라 지식그림책의 목적을 알고 그에 맞는 책을 선택하여 아이가 올바로 읽어낼 수 있도록 지도해야 합니다.

부모는 여러 동화책 중 한 가지에 불과하다고 가볍게 여길 수 있으나, 아이에게 지식그림책은 과학, 수학, 사회 등 평생 공부의 첫인상을 결정지을 중요한 장르입니다. 이때 어떤 지식그림책을 어떻게 읽고 이해하느냐에 따라 공부를 즐겁게 받아들일 수도, 지겹게 받아들일 수도 있지요. 인공지능과 공존하는 사회에서 평생 밥 먹듯이 공부해야 하는 우리 아이에게 공부의 첫인상이 어떻게 형성되느냐는 매우 중요한 문제겠죠.

지식그림책 선택 요령

아이가 지식그림책을 보기 시작하는 때는 지적 호기심이 팽창하여 질문이 많아지기 시작하는 5세 전후로 볼 수 있습니다. 자신과 세상에서 일어나고 있는 일이 궁금하고, 또 왜 그런 일이 일어나는지 알고 싶은 지적 본능과 탐구심이 살아나는 시기이기 때문입니다. 이때에 맞춰 적절한 환경을 제공하여 지적 호기심을 충분히 충족시켜 주면 공부의 재미와 흥미를 불러일으킬 수 있죠.

그럼 우선 지식그림책의 선택 요령을 알아보겠습니다. 지식그림책을 읽는 목적은 아이가 앞으로 익혀야 할 지식·정보의 기초적인 개념을 이해하고, 그에 관련된 배경지식을 쌓는 것입니다. 아이가 학교에 가서 공부할 때 좀 더 적극적으로 학습 활동을 할 수 있도록 미리 예방주사를 놔주는 것이죠. 이때 중요한 것은 아이의 발달 단계와 특성을 충분히 고려해야 한다는 것입니다.

지식그림책 선택 요령은 첫째, 그림입니다. 우린 앞에서 글보다 그림에 먼저 관심을 가지는 아이들의 특성을 이해했습니다. 그래서 우선 그림을 주의 깊게 살펴봐야 하는데요, 지식그림책의 그림은 일반 그림책과 달리 지식·정보의 개념 이해를 도와주는 목적에 부합하는 그림이어야 합니다. 그저 예쁘거나 아이들 입맛에만 맞는 트랜디한 그림보다는 주제에 맞는 개념을 잘 드러내는 그림이 좋습니다. 다시 말해, 아이가 그림을 봤을 때 직관적으로 이해할 수 있는 그림이 좋은 그림입니다.

둘째, 스토리입니다. 지식그림책의 스토리는 아이와 친근한 소재를 사용하여 지식·정보의 개념이 잘 드러나도록 해야 합니다. 그뿐만 아니라 개념과 관련된 구체적인 사례를 들어 아이가 쉽게 이해하도록 도와줘야 합니다. 재미있는 스토리만 가득하거나, 스토리와 지식·정보의 융합이 어색하거나, 스토리는 존재하되 지식 부분은 설명식으로 돼 있는 지식그림책이 간혹 보입니다. 이런 책을 읽는 아이는 지식그림책을 이야기책으로 받아들여 정작 중요한 개념 이해는 놓치게 됩니다.

스토리는 공부의 즐거움을 주는 동시에 기억을 도와주고 지식의 활용성을 높여줍니다. 그러나 이것은 어디까지나 도구일 뿐, 지식그림책을 통한 공부의 본질은 개념을 발견하고 이해하는 것임을 잊지 말아야 합니다.

셋째, 지식의 연결성과 확장성입니다. 주로 5세에서 9세 정도에 접하게 되는 지식그림책은 기초개념을 쌓고 배경지식의 양과 질을 높여 공부의 밑거름이 됩니다. 그러니 이때부터 공부의 기초공사가 시작된다고 보면 되겠죠. 따라서 지식을 결과 위주로 설명하기보다는 기초적인 개념부터 시작하여 응용과 활용으로 점차 나아가도록 체계적으로 접근해야 합니다. 즉, 이때 형성된 기초개념이 초등학교 3~6학년의 기반이 될 수 있도록 해야 합니다. 나아가 책 속에 주제와 연관된 지식·정보를 다양하게 확장할 거리가 많이 들어 있다면 더욱 좋겠죠. 요즘에 출간되는 지식그림책은 본문 이외에도 책의 끝부분에 주제와 연관된 다양한 정보가 추가로 들어 있어서 그 활용도가 높습니다.

　부모가 교육 전문가는 아닐지라도 아이를 양육하다 보면, 자연스럽게 아이의 발달 정도와 관심사를 알게 됩니다. 그 단계에 맞는 적절한 환경을 제공하는 것을 '적기 교육'이라 할 수 있습니다. 따라서 아이의 호기심을 충족하는 도구를 선택하고 활용하는 법을 알려주면, 아이는 큰 부담 없이 공부를 놀이처럼 받아들이게 됩니다.

　아이 특성에 맞는 좋은 책이 공부의 첫인상을 좌우합니다. 공부가 자신의 지적 호기심을 채워주고 기쁨을 느끼게 하는 것이라 여기는 아이는 학교생활이 기대되고 기다려지겠죠.

05

논리적 사고력을 훈련하는 수학·과학 읽기

　지식그림책 중에서 아이가 가장 많이 접하는 것이 수학, 과학입니다. 이 장르는 일상생활에서 흔히 일어나는 일과 관계 깊기 때문이죠. 우리는 수학과 과학 원리를 바탕으로 세상을 이해하고 발전시킵니다. 특히 지금과 같이 과학기술 없이는 한시도 살 수 없는 세상에서 수학과 과학의 기초개념과 원리를 이해하는 것은 필수 불가결하죠.

　이런 점을 깨닫든 아니든 아이를 양육하다 보면 수학이나 과학을 더욱 체계적으로 안내를 해줄 시기가 옵니다. 보통 4~5세 전후부터죠. 그때가 되면 아이들은 지적 호기심이 강해지면서 자신이 보는 세상에 '왜'라는 질문을 던지기 시작합니다. 탐구심과 관찰력이 발달하며 원인과 결과의 상관관계를 따지는 논리적 사고가 발달하기 시작합니다. 더불어 주의·집중력도 이전보다 좋아집니다. 아이가 이런 특징을 보이면, 지식을 논리적으로 이해할 타이밍이 됐다고 할 수 있습니다. 부모라면 가급적 이런 신호를 놓치지 않는 게 좋겠지요.

우리 아이는 현재 구체적 조작기

그런데 아이들이 외부의 지식을 받아들일 준비가 돼 있기는 하지만, 아직 추상적 사고는 힘듦을 알아야 합니다. 보통 초등 저학년 단계의 아이는 논리적 사고가 발달하는 중이기는 하나, 추상적 사고로 가는 전 단계인 구체적 조작기에 머물러 있습니다. 따라서 외부의 지식을 내면화할 때 자신의 눈앞에 구체물이 있고, 그 안에서 실질적인 경험이 일어나야 합니다. 이런 발달 단계를 가진 아이들에게 자꾸만 추상성을 요구하는 도구로 지식을 습득하게 하면 공부가 지루하고 싫증이 나는 것이 당연합니다.

따라서 어른과 달리 아이는 어떤 구체적인 상황과 구체물 없이 숫자나 기호, 수식과 공식, 용어만으로 지식에 접근시키면 안 됩니다. 어려서 다양하고 구체적인 경험을 통해 원리를 이해해야 추상적 사고의 단계에 들어섰을 때, 말귀를 잘 알아듣는 아이로 성장할 수 있습니다.

하지만 시·공간의 한계 때문에 인간은 모든 것을 실제로 경험할 수 없습니다. 그래서 실제 체험과 동일한 효과를 가진 스토리를 이용한 체험을 하는 것입니다. 바로 독서를 통한 체험이죠. 독서는 이야기를 통해 독자가 경험해보지 못한 상황을 시뮬레이션하고 롤플레잉할 기회를 제공하기 때문에 구체적인 경험과 같은 역할을 합니다.

스토리텔링 수학 · 과학

따라서 기초개념을 알아야 하고, 용어나 공식보다는 과정을 먼저 이해해야 하는 수학이나 과학과 같은 학문은 스토리를 통해 배우는 게 더욱 효과적입니다.

예를 들어, 수학동화나 과학동화를 선택할 때는 개념을 구체적으로 이해할 수 있는 스토리가 잘 되어있는지, 용어나 개념 설명이 지나치지는 않는지, 그림은 개념을 잘 보조하고 있는지, 과정 중심으로 원인과 결과를 논리적으로 잘 이해시키는지, 지식 체계가 잘 잡혀있는지 고려해야 합니다.

또한, 개념이 이야기 속에서 잘 풀어지고 있는지 점검해봐야 하고, 학교에서 본격적으로 다룰 용어나 추상적인 기호와도 자연스럽게 연결하고 있는지도 살펴볼 필요가 있습니다.

수학과 과학은 각각의 개념이 단절된 형태가 아니라 서로 긴밀하게 연결되어 영향을 주고받는 고리 학문의 특성이 있습니다. 그래서 기초부터 탄탄히 잡아가지 않거나, 중간에 이해를 제대로 하지 못하고 넘어갈 경우 지식의 고리가 끊겨 다음에 연결되는 개념이 더 어려워지는 현상이 발생합니다. 이것이 반복되면 어느 개념의 고리가 끊겼는지 아이나 부모도 알지 못한 채 결국 손을 놓는 안타까운 현상이 벌어지는 거죠. 우리나라에서 수포자(수학을 포기한 자)나 과포자(과학을 포기한 자)가 많이 생기는 원인이 바로 초등 시기에 수학과 과학의 기초개념을 다지지 못했기 때문이라 보시면 됩니다. 이런 점을 충분히 고려해서 기초부터 개념의 고리가 끊어지지 않도록 체계적으로 준비하는 것이 중요합니다.

수학 · 과학동화 활용법

그럼 이제 활용법을 알아보겠습니다. 스토리와 그림을 이용하여 지식정보를 전달하는 수학이나 과학과 같은 지식그림책은 일반 동화책과는 다른 읽기법이 필요합니다. 지식그림책만의 뚜렷한 목적이 있기 때문이죠. 그런데도 목적과 상관없이 재미있는 이야기로만 읽는 아이가 많습니다. 올바른 읽기 코칭을 받지 못했기 때문이죠.

지식그림책을 읽을 때는 첫째, 책에서 말하고자 하는 개념, 즉 주제가 무엇인지 인지하며 읽어야 합니다. 책의 주제는 보통 책 표지에 제목과 함께 표기된 경우가 많습니다. 따라서 우선은 책 표지에 나타난 주제를 생각하며 처음부터 끝까지 그림과 함께 가볍게 스토리를 읽습니다. 일단은 이야기의 줄거리를 대강 파악하라는 것이죠. 아이 특성에 맞게 그림만 먼저 훑어본 후에 글을 읽어도 좋습니다.

둘째, 이야기의 줄거리를 가볍게 파악했다면 2독에서는 개념을 파악하며 다시 읽습니다. 이때는 1독보다 좀 더 꼼꼼히 읽으며 그 안에 녹아 있는 개념을 이해해야 합니다. 그리고 이해를 돕는 역할을 하는 그림도 다시 보아야 합니다.

셋째, 3독이죠. 1독, 2독을 통해 줄거리는 어느 정도 파악됐을 겁니다. 3독에서는 개념 위주로 읽으며, 때로는 책을 덮고 그 개념을 설명할 수 있는지 시도해봐야 합니다. 개념을 자신의 말로 쉽게 설명할 수 없다면 책을 열고 다시 읽습니다.

넷째, 4~5독의 반복 독서를 통해 줄거리와 개념을 분리하고, 책의 주제를 자신의 말로 정리할 수 있어야 합니다. 읽은 책이 전체적으로 무엇에 관한 내용인지 그 핵심을 파악해서 말할 수 있다면 목적을 달성했다고 할 수 있죠. 이때 글을 쓸 수 있는 아이라면 자신이 알게 된 내용을 생각 그물로 펼쳐보는 것도 책 내용을 내면화하고 확장하는 좋은 방법입니다.

다섯째, 보통 이런 지식그림책은 본문에서 다 말하지 못한 지식정보를 책의 끝에 추가로 덧붙이는 경우가 많습니다. 여유가 된다면 이런 부분까지 놓치지 말아야겠죠. 앞의 본문을 충분히 이해했다면 추가 정보도 수월하게 받아들일 수 있을 것입니다.

　이런 읽기법은 모든 장르에 적용되는 것도 아니고, 처음부터 익숙해질 수 있는 것도 아닙니다. 지식그림책은 스토리에 깊이 몰입하여 읽는 장르와 달리 줄거리 속에서 개념을 이해하고 정리하는 능력이 필요하기 때문에 특히 반복 독서에 대한 안내와 지도가 필요하죠. 아이가 반복적인 훈련을 통해 좀 더 꼼꼼히 읽는 법을 익히고 지식을 탐구하는 능력을 기르는 것은 독서를 통해 지식을 배우는 방법을 익히는 것과 다름없습니다.

　이렇게 읽는 아이는 같은 책을 읽어도 더 큰 효과를 볼 수밖에 없습니다. 재미로 가볍게 읽는 책도, 상상의 세계로 푹 빠지는 책도 있지만, 이렇게 정독과 반복으로 깊이 있게 읽어야 하는 책도 있음을 아이는 알아야 합니다. 그래야 나중에 혼자 책을 읽을 때도 이를 바탕으로 장르에 따라 책을 구분하고, 그에 따라 다른 읽기법을 구사하게 됩니다.

　지금은, 아니 앞으로도 논리적인 사고가 어느 때보다 중요합니다. 어려서부터 수학이나 과학 등의 기초학문을 이용해서 사물과 현상의 인과관계를 체계적으로 습득하면, 어느 분야에서든 앞서나갈 수 있습니다.

06

삶의 나침반을 제시하는
역사·인물 읽기

　디지털 세상에서 태어나 오프라인 세상보다 온라인 세상을 더 익숙하게 여기는 아이들이 꼭 갖추어야 할 것이 있다면 무엇일까요? 지금보다 더 발달한 미래를 살아가야 할 아이들에게 부모는 어떤 멘토가 돼줄 수 있을까요?

　'인터넷의 아버지'라 불리는 빈트 서프(Vinton Cerf) 구글 부사장이 최근 서울을 방문했습니다. 그는 세계적으로 이슈가 되고 있는 가짜 뉴스와 추천 수 조작으로 인한 여론 왜곡 문제에 대해 다음과 같이 언급했습니다.

"알고리즘을 활용해 어떤 뉴스가 가짜인지 적발하고 대응하는 것은 어렵고 힘든 문제다. 이용자의 비판적인 사고야말로 가장 강력한 필터다."

서프 부사장은 SNS의 '좋아요' 클릭 수를 프로그램으로 조작하는 행위가 성행하는 현실에 대해서도 "소프트웨어만으로 실제 사람이 '좋아요'를 누르는지 구별하기 어렵다. 따라서 이 정보가 어디서 오는 것인지, 입증할 만한 다른 증거가 있는지를 사람이 직접 판단해야 한다."고 강조했습니다.

비판적 사고를 통한 인생의 균형감각이 절실한 세상

컴퓨터와 인터넷 그리고 내 손안에 있는 디지털 도구는 우리에게 정보를 매일 끊임없이 쏟아내고 있습니다. 이런 시대에 진정 필요한 능력은 무엇일까요?

한때 자녀를 잘 양육하기 위해서 가장 중요한 것이 '엄마의 정보력'이라고 했죠. 그러나 지금 시대에 어느 한 사람만 가진 특별한 정보가 있을 수 있을까요? 오늘날에는 수많은 정보에 누구나 손쉽게 접근할 수 있습니다. 따라서 정보력만으로 자녀를 잘 키우는 시대는 지나간 겁니다.

그럼 무수한 정보 속에서 진짜 내 아이에게 맞는 정보는 어떻게 찾아야 할까요? 무엇이 진짜 정보이고 가짜 정보일까요? 진짜라는 그 정보는 어떤 근거가 있을까요? 정보의 출처는 믿을 만할까요?

서프 구글 부사장의 말을 다시 떠올려 보세요. 이제는 정보가 경쟁력인 시대가 아니라 정보의 진위와 타당성, 출처를 확인하는 능력이 중요한 시대입니다. 시간이 갈수록 정보의 양은 기하급수적으로 늘어나고 있죠. 이 점만 보더라도 지금 우리 아이의 경쟁력은 단순히 지식을 암기하고 소유하는 것이 아니란 것을 알 수 있습니다.

따라서 앞으로 아이들이 갖추어야 할 경쟁력을 한 가지 꼽으라면 정보의 진위와 타당성을 구분하는 능력, 즉 비판적인 사고력을 꼽을 수 있습니다. 이것은 다른 말로 하면 인생을 살아가는 균형감각이라 할 수 있습니다. 올바른 가치관을 가지고 어느 한쪽으로 치우치지 않는 태도 말이죠.

하지만 지금처럼 다양한 정보가 널려 있고 SNS 하나로 타인의 삶을 자연스럽게 공유할 수 있는 세상에 자기만의 균형감각을 갖는 것이 쉬운 문제일까요? 내면보다 외면으로 모든 것을 판단하고 선택하는 세상에서 어떻게 삶의 균형감각을 키워낼 수 있을까요?

삶의 방향과 기준이 생기는 역사 · 인물 이야기

바로 독서를 통해서입니다. 독서를 경쟁력이라고 말하는 이유는 독서를 통해 비판적 사고력과 삶의 균형감각을 키울 수 있기 때문입니다. 특히, 역사와 인물 이야기가 그렇습니다. 독서는 장르마다 다른 목적을 가지고 있습니다. 역사와 인물과 관련된 책을 읽는 목적은 타인이 살았던 시·공간을 살펴봄으로써 자신의 인생을 바라볼 수 있는 통찰력을 기르고 삶의 균형감각을 갖기 위함입니다.

흔히 역사는 반복된다는 말을 합니다. 한 가지 역사적 사실을 예로 들어볼까요? 현재 우리나라가 남과 북으로 분단된 것은 우리의 의지가 아니었습니다. 과거 일본에 의해 황폐해진 우리나라에 미군은 군대를 보내 도와주겠다고 했고, 이어서 소련도 군대를 보내 도와주겠다고 나섰습니다. 이 두 나라는 한국을 도와주겠다는 명목으로 우리의 의지와 상관없이 38선을 기준으로 미국은 남쪽, 소련은 북쪽으로 나누어 신탁통치를 하게 됩니다. 이것이 오늘날 남과 북으로 나뉘게 된 계기입니다.

그런데 놀랍게도 임진왜란 때도 이와 비슷한 처지에 놓이게 된 사건이 있었습니다. 1592년, 왜의 침입 때 조선은 명나라에 사신을 보내 원군을 요청하게 됩니다. 명나라 원군은 3천 명의 병사를 이끌고 조선에 왔지만, 왜군과 싸우기에 역부족임을 알고 왜와 협상을 하여 시간을 벌려고 했습니다. 그때 왜의 총사령관이었던 고니시 유키나(小

西行長, 소서행장)는 "우리가 점령하고 있는 대동강을 기점으로 한반도를 분할하자."고 제안했습니다. 즉, 대동강 이북은 명이, 대동강 이남은 왜가 갖자는 것이었습니다. 이 사건은 당시에는 실현되지 않았으나 그 후 시간이 흘러 결국 한반도는 남과 북으로 나뉘게 되었습니다.

이 두 역사적 사건을 통해 우리는 무엇을 배울 수 있나요? 개인의 관점에서 본다면 스스로 힘을 키우지 못하면 결국 타인에 휘둘릴 수밖에 없다는 거죠. 또한 언제든지 역사는 반복될 여지를 갖고 있다는 것도 알 수 있습니다.

역사는 인간이 살아온 발자취입니다. 비록 시·공간은 달라도 인간의 본질은 바뀌지 않습니다. 따라서 비슷한 사건이 반복되는 것이죠. 그래서 우리는 역사적 사실을 바라볼 때 한쪽 면만 바라봐선 안 되겠죠. 사건의 앞뒤 맥락을 짚어보고, 사건의 배경을 찾아보고, 인물 간의 관계를 분석해보는 훈련이 필요합니다. 겉으로 드러난 사실뿐만 아니라 본질을 들여다보기 위해 우리는 역사서를 읽습니다. 나아가 역사의 모습에서 우리 자신의 모습을 볼 수도 있습니다. 그러므로 역사를 이해한다는 것은 역사를 통해 자신과 세상을 읽고 삶의 방향을 잡는 것과 마찬가지입니다.

인물 이야기도 그렇습니다. 역사가 여러 사람과 사회, 국가 속에서 일어나는 일련의 사건들의 집합이라면, 인물 이야기는 한 사람의 가치관, 정체성, 행위를 다룹니다. 우리 삶에 롤모델로 적용해볼 만한

한 사람의 역사인 거죠. 결국 역사와 인물 이야기는 같은 맥락을 가지고 있다고 볼 수 있습니다. 따라서 우리는 역사를 통해 인생 전체를 바라보는 통찰력을 키우고, 우리 삶에 영향을 미칠 수 있는 사람의 삶을 통해 자신의 인생을 디자인할 수 있습니다.

준비가 필요한 역사 · 인물 이야기

역사나 인물 이야기는 너무 이른 나이에 접하면 책의 목적을 달성하기 어렵습니다. 한 가지 사실을 인식하고 이해하는 차원이 아니라 하나의 사실에 연결된 다양한 맥락을 읽어낼 수 있어야 하기 때문입니다. 또 전체를 바라보는 힘도 필요하기 때문입니다.

최근 들어 역사의 중요성이 더욱 부각되고 있고, 초등학교 고학년 사회 과목에서 역사를 본격적으로 다루고 있어 많은 부모들이 초조해 합니다. 또 어떤 부모는 역사를 암기과목으로 바라보아 역사나 인물을 단순지식으로 접근하는 실수를 하기도 합니다.

부모는 아이가 바라보는 역사가 어른이 바라보는 통사적인 역사와 다르다는 것을 먼저 인식해야 합니다. 그리고 아이가 역사나 인물 이야기에 좀 더 수월하게 접근할 수 있도록 기본기를 다져주어야 합니다.

첫째, 역사나 인물을 접하기 이전에 전래·명작동화로 자신이 사는 시대와 다른 시·공간에 익숙하게 만들어주세요.

둘째, 역사라는 개념보다는 옛날 사람의 생활, 문화, 교육 등 일상생활과 관계된 전반적인 배경지식을 먼저 익히게 해주세요. 이때, 과거의 생활사, 문화사를 옛날이야기 읽듯이 읽으며 재미를 느끼게 도와주면 좋습니다.

셋째, 다양한 인과관계가 얽혀있는 정치적 사건은 아이 입장에서 이해하기가 만만치 않습니다. 따라서 하나의 사건 및 인물 중심의 스토리텔링으로 접근시켜주세요. 이때 고조선부터 현대까지의 연표를 하나 마련해두고, 지금 읽고 있는 이야기가 어느 시대와 관련된 이야기인지 한 번씩 찾아보게 하면, 후에 전체 역사를 이해할 때 도움이 됩니다.

아이들이 역사의 전체 흐름을 파악하는 것은 시간이 필요한 일입니다. 이것이 역사나 인물 이야기를 초등학교 고학년에 다루는 이유입니다. 성급하게 접근하지 않도록 조심해야 합니다. 때에 맞지 않는 독서는 책을 싫어하게 하는 요인이 되니까요.

인물 이야기 역시 역사 읽기처럼 다양한 배경지식이 필요한 장르입니다. 예전에는 한 인물이 이루어낸 업적 중심의 읽기를 했습니다. 그러나 그것보다 중요한 것은 어떤 일을 이루어낼 수 있었던 시대적 배경, 생활환경, 가치관과 정체성, 성격과 기질 등을 이해하는 것입니다. 그 속에서 자신이 취할 수 있는 부분을 발견하고 적용할 수 있어야 합니다.

　인생에는 모범 답안이 없습니다. 더군다나 급변하는 세상에서 균형감각을 유지하기 위해서는 자신만의 나침반이 어느 때보다도 필요합니다. 정보에 휘둘리고 타인에 휘둘리는 인생이 아니라 스스로 인생 전체를 바라보며 그때그때에 맞는 적합한 방향을 찾을 수 있는 균형감각을 역사와 인물 독서로 길러주길 바랍니다.

07

좀 더 깊은 사고의
바다로 가는 고전 읽기

  우리가 사는 세상은 경쟁 사회입니다. 그럼 경쟁 사회에서 필요한 능력은 무엇일까요? 바로 경쟁력이죠. 원한다고 해서 돈이나 자원을 원하는 만큼 가질 수 없습니다. 따라서 원하는 것을 취하기 위해서는 경쟁할 수밖에 없죠. 그 경쟁에서 남보다 앞서거나 이길 수 있는 힘을 경쟁력이라 합니다.

미래의 생존 경쟁력은 무엇인가?

그렇다면 현재 우리가 살아가는 세상에서 인간의 경쟁력은 무엇일까요? 이 질문에 대한 해답을 찾기 위해 먼저 기업의 경쟁력을 이야기해보겠습니다. 기업의 경쟁력은 '시장에서 소비자에게 선택을 받을 수 있는 상품을 개발하는 힘'입니다. 즉, 상품의 품질, 가격, 디자인 등에서 우수한 제품을 개발하는 능력이 기업의 경쟁력이죠. 그런데 이런 능력은 어디에서 나오나요? 그것은 사람에게서 나옵니다. 그럼 경쟁력 있는 기업을 만드는 사람의 능력이 무엇인지 알면 이 세상을 살아가는 데 필요한 경쟁력이 무엇인지도 알 수 있겠죠?

미국의 애플사를 알고 계시죠? 애플사에서 공개하는 아이폰의 제작 단가를 들여다보면 전체 금액의 30%가 제작 원료비, 5%가 제작공정비, 65%가 아이디어 및 디자인 비용인 것을 알 수 있습니다. 즉, 아이폰이 한 대 팔리면 판매가의 5%가 제작처인 중국으로, 65%가 애플사의 이익으로 돌아간다는 이야기입니다. 애플사는 2017년 4분기에 전 세계 스마트폰 매출의 절반 이상을 차지했습니다. 그럼 이렇게 많은 소비자가 선호하는 아이폰의 경쟁력은 무엇일까요? 바로 제작 단가의 65%를 차지하는 차별화된 아이디어와 디자인입니다.

이제 우리가 살아가는 이 시대 그리고 앞으로 펼쳐질 미래에 인간의 경쟁력이 보이시나요? 그 누구도 흉내낼 수 없는 차별화된 경쟁력은 기술력이 아니라 디자인과 아이디어입니다. 이것을 달리 말하면 차별성과 독창성이죠. 무엇을 하더라도 남과 달리 볼 수 있는 새로운 관점이 필요한 세상입니다. 이게 바로 미래의 생존 경쟁력입니다.

차별성을 기르는 특별한 독서

그럼 이런 차별성과 독창성은 어떻게 생길까요? 어려서부터 차별성 있는 독서를 함으로써 생깁니다. 그런데 차별성 있는 독서란 무엇일까요?

요즘 대부분 부모가 독서의 중요성을 알고 아이에게 책 읽는 환경을 다양하게 만들어줍니다. 하지만 책이라고 해서 다 같은 책이 아닙니다. 안타깝게도 요즘 대부분 아이는 재미와 흥미만 추구하며 가벼운 책만 읽으려고 합니다. 일반적인 동화류, 어휘가 단순한 만화류, 호흡이 짧은 책 등이죠. 그러나 대부분 아이가 접하는 이런 독서만으로는 차별화된 생각을 길러낼 수 없습니다. 차별화된 생각을 기르려면 더 깊은, 더 넓은 생각으로 안내하는 책을 읽어야 합니다. 그것이 바로 고전입니다.

고전은 보통 출간된 지 30년 이상 지나도록 절판되지 않고 많은 사람에게 읽히는 책을 말합니다. 고전은 일반적인 생각을 뛰어넘는 위대한 천재들의 작품입니다. 따라서 고전을 읽는다는 것은 시공을 초월하여 오랜 세월 세상에 영향을 주고 있는 천재들과 대화하고 교류하는 것과 같습니다.

《독서의 기술》의 저자 모티머 J. 애들러는 "책은 보이지 않는 교사로부터의 가르침"이라고 했습니다. 내 아이 교육을 위해 가정교사를 마음대로 선택할 수 있다면, 평범한 교사와 누구나 인정하는 천재 교사 중 누구를 택하시겠습니까? 고민할 필요도 없겠지요. 물론, 아이가 만만하게 읽을 수 있는 책이 나쁘다는 말은 아닙니다. 다만, 남다른 생각을 기르기엔 역부족이라는 말을 하고 싶은 겁니다.

일반적인 생각을 뛰어넘어 다른 생각과 통찰력을 가지려면 그런 생각을 해본 사람과 만나야 합니다. 그들의 생각을 배우고 이해하려고 노력하며, 때로는 그들을 흉내내며 깨달음을 얻는 기회를 가져야 합니다. 그런 특별한 깨달음은 특별한 책에서만 얻을 수 있죠.

책꽂이에 고전을 넣어주는 일이 시작이다

고전은 인류의 보편적인 가치와 본질을 보여주는 작품입니다. 불확실한 시대에 사는 요즘 여러 분야에서 고전에 대한 인식과 필요성이 많이 대두되고 있는 이유죠. 세종대왕, 나폴레옹, 링컨, 스티브 잡스 등 동서고금을 막론하고 고전 독서를 통해 남다른 생을 살다 간 인물의 사례는 이루 다 나열할 수 없을 만큼 많습니다.

하지만 아이의 독서 목록에 고전을 넣어주는 부모는 별로 없습니다. 여러 이유가 있겠지만, 가장 본질적인 이유는 부모 역시 고전을 진지하게 읽어본 적이 없기 때문이 아닐까요? 고전 독서의 효과를 제대로 안다면 어찌 내 아이에게 고전을 소개하지 않을 수 있을까요?

고전은 '어렵다'는 인식 또한 문제입니다. 혹시 내 아이가 고전을 어려워할 것이라고 지레짐작하고 있지 않으신가요? 뭐, 틀린 생각은 아닙니다. 사실 고전을 읽어야 하는 이유는 '어렵기' 때문입니다. 쉬운 책은 쉬운 생각만 하게 만듭니다. 그러므로 책의 내용을 이해하기 위해 머리를 싸매야 하는 책이야말로 생각의 한계를 넘어서게 만드는 책입니다. 생각 그릇은 자주, 깊게 할수록 커지는 법입니다. 그러니 자꾸만 생각하게 만드는 책이 진짜 위대한 책인 거죠.

이제 부모는 우리 아이를 위해 닫힌 생각을 열어야 합니다. 4차 산업혁명 시대의 경쟁력은 부모 세대의 경쟁력과 다릅니다. 아이와 함께 고전 읽기에 도전해보시길 바랍니다.

우선 아이의 독서 목록에 고전을 넣어주는 일부터 시작하세요. 우리 집 책꽂이에 고전을 꽂아주세요. 읽고 못 읽고는 다음 문제입니다. 눈에 보여야 관심을 가질 수 있습니다. 요즘은 아이 연령에 맞는 고전이 다양하게 나와 있습니다. 아이의 특징과 개성을 고려하여 참고한다면 내 아이만의 고전 목록은 어렵지 않게 만들 수 있습니다.

책을 선택했다면 독서 계획을 세워야겠죠. 첫째, 부모가 읽어주거나 함께 읽기를 권합니다. 하루에 15분씩 시간을 정해보세요. 당장 의미를 파악하지는 못하겠지만, 시작이 반이니까요. 둘째, 소리 내어 읽기를 권합니다. 눈으로 보고, 입으로 읽고, 귀로 듣는 독서의 효과는 생각보다 큽니다. 셋째, 글을 모르는 아이는 매일 한 줄 암송, 글을 쓸 줄 아는 아이는 매일 한 줄 쓰기를 해보세요. 읽고, 암송하고, 쓰는 것을 반복하다 보면 저절로 그 의미를 깨우치게 됩니다. 어렵다고만 생각하면 도전할 수 없습니다. 천 리 길도 한 걸음부터입니다. 시작이 중요합니다.

고전은 누구에게나 열려 있는 책입니다. 그러나 누구나 읽지는 않습니다. 아이든 어른이든 고전을 만나는 순간 특별한 인생을 살아가게 됩니다. 천재들의 생각을 통해 자신만의 철학을 확립하고 감성과 인성이 조화되어 무엇을 하든 군계일학으로 빛나게 될 것입니다.

이제 아이가 읽고 싶어 하는 평범한 책의 목록보다 반드시 읽어야 할 고전 목록을 만들어 보세요. 베스트셀러보다 수천 년 전부터 수십 년 전에 이르기까지 다양하고 위대한 사람에게 영향을 끼친 스테디셀러를 선택하세요. 5%의 기술력이 아닌, 65%의 탁월한 가치를 지닌 인재가 될 테니까요.

08

공부의 기본이 되는
교과서 읽기

부모 세대부터 최근까지 공부는 정해진 지식을 암기하는 것이었습니다. 그래서 정해진 답을 얼마나 정확히 찾아내는지를 알아보는 객관식 · 주관식 시험이 주류를 이루었습니다.

그러나 최근 세계적으로 교육 개혁이 이루어지면서 객관식·주관식 시험은 점차 사라지고 있습니다. 우리나라에서도 일부 중학교에서는 중간 · 기말고사 등 객관식 지필 평가를 없애고 교과 수행평가만으로 성적을 산출하는 '과정중심평가'를 준비하고 있습니다. '과정중심평가'란 학습 목표의 성취를 평가하는 '결과 평가'가 아니라, 학습 과정에서 학습자가 보인 여러 가지 변화에 대한 '교육 평가'를 말합니다.

패러다임의 전환이 필요한 공부

이처럼 학습자의 평가방법이 바뀌고 있다는 것은 공부의 패러다임 역시 바뀌고 있다는 뜻입니다. 과거의 공부가 정형화된 패턴 속에서 수동적인 태도로 지식을 수용하는 것이었다면, 지금의 공부는 정해진 패턴을 깨고 능동적인 태도로 지식을 탐색하고 창조하는 것을 추구합니다.

과거에는 성실성과 근면함만 있어도 우등생이 될 수 있었으나, 이제는 그렇지 않습니다. 급변하는 세상이 요구하는 것은 '스스로 지식을 찾는 힘', '탐구력과 호기심', '독창적인 문제해결능력' 같은 것들입니다. '문제풀이 기술', '공식 암기와 대입' 같은 능력은 점차로 비중이 작아지고 있습니다.

이처럼 공부의 정의가 바뀌고, 그에 따라 평가방법이 진화하는 데도 여전히 정답을 찾는 훈련만 받는다면, 우리 아이의 미래는 어떻게 될까요? 세상살이의 기준이 바뀌고 있고, 따라서 공부의 의미도 바뀌고 있습니다. 그렇다면 공부의 방향이 바뀐 것을 이해하고 이에 따른 훈련을 해야 하는데, 여러분은 적합한 도구를 갖고 있나요? 생각보다 아주 가까이에 있습니다. 바로 교과서입니다.

공부의 기본 근력을 키우는 교과서

교과서는 국내 최고의 연구진과 집필진, 심의진이 오랜 기간 공을 들여 만들어낸 최고의 교재입니다. 그 어떤 교재나 문제집하고 비교할 수 없는 책입니다. 교과서는 새로운 교육정책을 반영하여 아이의 발달 단계에 따른 공부의 방향을 정확히 알려줍니다.

따라서 수시로 변하는 교육정책을 제대로 이해하고 싶다면 아이와 함께 교과서를 찬찬히 읽어보세요. 자녀교육을 위해 학원이나 학습지, 문제집을 선택해야 할 때에도, 우선 교과서를 살펴보아야 합니다. 교과서가 교육정책에 따른 공부의 방향과 기준을 친절히 알려주고 있으니까요. 이것이 엄마가 먼저 그리고 아이와 함께 교과서를 살펴보아야 하는 이유입니다. 교과서를 제대로 알면 자녀교육이 보일 것입니다.

평생 배우고, 배운 것을 사용하여 자신을 수시로 업그레이드해야 하는 세상입니다. 배우는 법을 익히는 것이 공부인 세상이죠. 이런 세상에서 교과서는 모든 공부의 길잡이입니다. 그러므로 교과서를 읽는 아이는 공부 근육을 튼튼히 만들고 있는 아이입니다. 반대로 교과서를 제쳐두고 다른 도구를 중요하게 여기는 아이는 밥 대신 간식으로 배를 채우는 아이입니다. 당장은 배를 채우니 배고픔을 모르나 결국, 영양 불균형을 초래하게 됩니다. 초등학교 저학년까지는 별 문제 없을지 몰라도 학년이 올라갈수록 그 차이는 분명하게 드러납니다.

타인이 주는 것만을 받아먹은 아이는 스스로 먹이를 찾아 먹는 아이를 이길 수 없습니다. 이제 어떤 아이로 키워야 할지 선택할 때입니다. 어떤 교육 철학을 가진 부모냐에 따라 아이의 인생은 크게 달라집니다.

교과서를 제대로 알면 공부가 보인다

자, 그럼 공부의 기본서인 교과서를 알아봅시다. 교과서를 읽어본 적이 있나요? 교과서의 특징을 보면 왜 교과서를 읽어야 하는지, 어떻게 읽어야 효과적인지 알 수 있습니다.

첫째, 교과서는 공부의 방향과 목표를 정확하고 친절하게 제시합니다. 모든 교과서는 책머리에 구성과 특징, 차례를 제시하고 있고, 각 단원의 앞머리에는 반드시 학습 목표를 표시함으로써 아이들이 공부할 때 여기저기 표류하는 일이 없도록 안내해줍니다.

둘째, 교과서는 지식의 결과를 주입하고 정답을 제시해주는 책이 아닙니다. 교과서를 열어보면 '알아봅시다, 말해봅시다, 조사해봅시다, 생각해보세요, 왜 그렇게 생각했나요?' 등의 말을 쉽게 찾아볼 수 있습니다. 즉, 교과서는 탐구형 책입니다. 학습자 스스로 문제를 인식하도록 유도하고 있어요. 문제의 해결책을 찾도록 힌트는 주지만 정답을 주지는 않아요. 자발적으로 문제를 해결하고 자기 생각을 표현하도록 요구하고 있습니다. 교과서는 생각훈련, 탐구훈련을 통해 문제해결능력을 키워주는 책입니다. 이런 훈련을 받지 못한 아이들은 교과서를 어려워하며 꺼리게 되겠죠.

셋째, 교과서는 다양한 장르를 융합해 놓은 책입니다. 교과서의 텍스트는 활자를 넘어 그림, 기호, 그래프, 지도 등 다양한 읽기능력을 요구하고 있습니다. 또한, 하나의 지식에서 파생되는 다양한 지식을 활용할 수 있도록 여러 영역을 접목해 놓았습니다.

따라서 교과서의 이러한 특징을 고려해서 읽고, 생각하고, 표출해야 합니다. 교과서를 읽음으로 생기는 효과는 첫째, 공부의 방향을 알게 되고, 둘째, 주도적이고 탐구적인 학습 습관이 생기고, 셋째, 다양한 장르를 넘나드는 읽기능력을 가지게 되며, 하나의 주제로 여러 관점을 기를 수 있게 됩니다. 이만한 학습 도구가 또 있을까요?

이제 '교과서의 특징을 알면 현행 교육의 방향과 공부법을 알 수 있다'는 의미를 어느 정도 이해하셨으리라 봅니다. 교과서를 제대로 보지 않으면 공부를 잘할 수 없습니다. 매일 시간을 정해 아이와 교과서 읽기를 실천해보세요. 초등 교과서는 하루 10분이면 충분합니다. 엄마와 함께 읽는 교과서는 엄마의 사랑처럼 달콤합니다. 초등 저학년에 엄마가 교과서를 읽어주면, 어느새 아이는 스스로 교과서를 읽으며 공부를 즐기게 될 것입니다. 교과서를 즐겁게 읽는 아이는 학교 수업도 즐거워할 것입니다. 공부의 기본 근력은 교과서와 학교 수업으로 만들어지는 것입니다.

이제는 구경만 하는 공부가 아닌 스스로 체험하고 주도적으로 문제를 해결하는 공부로 바뀌어야 합니다. 그런 공부를 도와주는 교과서의 중요성을 부모가 먼저 인식한다면, 아이 역시 교과서를 먼저 챙기게 되겠죠.

유아부터 초등까지, 성공하는 독서 로드맵

독서는 아이의 발달 단계와 밀접한 관계가 있습니다. 우리는 아이의 신체 발달 단계에 따라 먹일 음식물을 선택하듯이, 아이의 두뇌 발달 단계에 따라 책을 선택해야 합니다. 따라서 책을 선택할 때 아이의 어휘량과 인지 수준, 발달 단계를 고려해야 하고 또 그 발달을 촉진할 수 있어야 합니다. 이 부분을 놓치고 엄마의 기준대로 책을 사주게 되면 아이가 책을 좋아할 수가 없겠죠.

두뇌의 뇌세포를 연결하는 시냅스는 평균 12세 전후까지 활발하게 형성됩니다. 따라서 태어나서 이 시기까지 아이에게 주어지는 환경의 양과 질이 특히 중요합니다. 태어나서 초등 시기까지 책을 통해 양질의 자극을 다양하게 받는 아이들은 두뇌에 영양 공급을 지속적으로 하고 있는 것입니다. 이를 통해 아이들의 두뇌에는 독서 고속도로가 만들어집니다. 이는 매우 중요합니다. 초등 시기까지 만들어진 뇌 안의 독서 고속도로는 이후 중·고등 시기, 나아가 평생 독서의 기반을 이루기 때문입니다.

다음에서 유아부터 초등까지의 독서 로드맵을 제시하여 보았습니다. 아이들마다 조금씩 차이가 있기 때문에 그대로 적용하기보다는 상황에 맞게 적용하는 게 좋습니다.

핵심 포인트!

0~3세

사물인지를 도와주는 단계 – 사물인지 책, 자연관찰 책

3~7세

감성과 정서의 발달을 도와주는 단계 – 그림동화책

3~6세

물활론적 사고와 상상력이 풍부한 단계 – 순수창작

5~9세

지적 호기심이 팽창하는 단계 – 수학동화, 과학동화 등의 지식그림책

6~9세

도덕과 가치관이 형성되는 단계 – 전래·명작

7~ 초등시기

인생의 롤모델이 필요한 단계 – 역사·인물, 고전

PART 4

독서혁명 셋,
독서의 기술을 익혀라

1. 천천히 생각하며 읽기

2. 반복 읽기

3. 질문하며 읽기

4. 쪼개고 나누어 읽기

5. 낯설게, 남과 다르게 읽기

6. 나라면 읽기

7. 주제별 읽기

8. 디지털 영상 읽기

지식·정보를 얼마나 많이 알고 있느냐가 아니라 지식·정보의 홍수 속에서 세상에 맞는 지식을 찾아내 재해석하고 응용하고 창조해내는 능력이 필요합니다.

이런 능력은 독서로 기를 수 있습니다. 따라서 독서가 단순히 줄거리를 읽고 이해하는 것에서 더 깊고 넓게 생각하는 독서로 움직이고 있는 것은 당연합니다.

01

천천히
생각하며 읽기

　우리 아이들이 살아갈 미래에는 평생 세 개 이상의 영역에서, 다섯 개 이상의 직업을 갖고, 열아홉 개 이상의 서로 다른 직무를 경험하게 될 것이라고 합니다. 미래학자들은 하나의 직업을 가지고 평생살 수 있는 세대는 끝나간다고 합니다.

　미래학자 버크민스터 풀러(Buckminster Fuller)는 '지식의 두 배 증가 곡선'에 대해 발표한 바 있습니다. 인류가 가진 지식의 총량이 비약적으로 늘어날 것이라는 예측인데요. 현재에도 13개월마다 인류지식의 총량이 두 배로 증가하고 있으며, 그 주기도 점점 짧아지고있다고 합니다. 전문가들은 이 주기가 최대 12시간까지 단축될 것으로 보고 있습니다. 또 《사피엔스》의 저자 유발 하라리(Yuval Harari)는 "지금 학교에서 배우는 지식의 80~90%는 아이들이 40대가 됐을 때 거의 쓸모없는 지식이 될 가능성이 높다."고 예측했습니다.

매일 초 단위로 쏟아지는 지식·정보가 넘쳐나는 시대에서는 한 사람이 가지는 지식의 양이 중요하지 않습니다. 또한, 평생 수차례 직업과 직무가 바뀌는 세상에서는 하나의 전공으로 살아갈 수 없습니다.

이제 대학을 나왔느냐 안 나왔느냐는 중요한 문제가 아닙니다. 유기적으로 변화하는 세상을 예측하고, 그런 시대에 필요한 능력을 갈고닦아야 합니다. 다시 말해, 지식·정보를 얼마나 많이 알고 있느냐가 아니라 지식·정보의 홍수 속에서 세상에 맞는 지식을 찾아내 재해석하고 응용하고 창조해내는 능력이 필요합니다.

거듭 강조했듯이, 이런 능력은 독서로 기를 수 있습니다. 따라서 독서가 단순히 줄거리를 읽고 이해하는 것에서 더 깊고 넓게 생각하는 독서로 움직이고 있는 것은 당연합니다.

평범한 아이를 특별한 인재로 키우는 읽기법

독서는 생각이 중점인 활동입니다. 생각하지 않는 독서는 로봇이 글을 읽고 해석하는 것이나 다름없습니다. 책은 저자의 생각을 글로 표현한 것입니다. 저자의 생각을 읽는 독자 역시 생각을 합니다. 즉, 독서는 저자의 생각과 독자의 생각을 연결해서 새로운 생각으로 발전시키는 생각 활동입니다. 이런 독서 활동을 반복함으로써 자신만의 독창적인 생각을 갖추는 것이, 곧 인공지능과 공존하는 21세기의 경쟁력입니다.

이제 우리는 생각하는 독서가 평범한 아이를 어떻게 경쟁력 있는 아이로 키우는지 세 가지 사례를 통해 살펴보려 합니다. 이 사례를 통해 천천히 생각하며 읽기의 중요성을 다시 한번 느끼시길 바랍니다.

첫 번째, 미국의 시카고 대학의 사례입니다. 미국 시카고 대학에는 오늘날 이 대학을 명문대학의 반열에 오르게 한 '시카고 플랜(Chicago Plan)'이라는 교육정책이 있습니다. '시카고 플랜'은 1929년 시카고 대학의 5대 총장으로 취임한 로버트 허친스(Robert M. Hutchins) 총장의 남다른 교육정책이었습니다. 대학 4년 동안 세계적으로 위대한 인문 고전 100권을 달달 외울 정도로 읽어야만 대학을 졸업할 수 있는 정책이었죠. 여기서 중요한 것은 고전을 그냥 읽는 것이 아니라 달달 외울 정도로 완벽하게 읽고 이해하고 사고해야 한다는 것입니다.

결과가 어땠을까요? 시카고 플랜이 시행된 1929년부터 최근까지 시카고 대학은 노벨상 수상자를 무려 89명이나 배출하게 됩니다. 시카고 대학은 세계에서 노벨상 수상자를 가장 많이 배출한 대학교 중

하나입니다. 놀랄 만한 결과죠.

인문고전은 천재들의 생각입니다. 천재들의 생각을 읽고 이해하고 사고한다는 것은 독자의 이해력과 사고력도 그만큼 깊고 넓게 확장되고 있다는 뜻입니다. 물론 천재들의 생각을 단번에 이해하기는 쉽지 않죠. 그래서 시카고 플랜에 '달달 외울 정도로'라는 전제 조건이 있었던 것입니다.

두 번째, 취업에만 전전긍긍하는 다른 대학과는 달리 학생의 생각을 키우는 것에 목표를 두고 있는 대학이 있습니다. 1969년 미국 동부 메릴랜드주 아나폴리스에 설립된 미국에서 세 번째로 오래된 세인트 존스 대학입니다.

이 대학은 특이하게도 고정적인 전공이나 학습 커리큘럼이 없습니다. 다만, 4년 동안 읽어야 할 고전 100권이 있을 뿐이죠. 수업은 탁자에 둘러앉아 철학부터, 수학, 과학, 역사에 이르기까지 다양한 분야의 고전을 읽고 토론하는 것으로만 이루어집니다.

읽고 토론해야 한다는 것은 깊이 사색하며 읽어서 자신의 의견으로 만들어내야 한다는 뜻이기도 합니다. 보통 일이 아니죠. 고전, 즉 천재들의 생각을 자기 생각으로 정리할 수 있다는 것은 깊은 사색은 물론, 전체를 통찰할 수 있는 시각 없이는 불가능합니다.

따라서 이 대학의 학생들은 수업 시간이 따로 없습니다. 쉬는 시간이나 식사 시간, 그리고 수업 후에도 친구들과 끊임없이 토론이 이어집니다. 미국의 우등생이 모두 모여드는 아이비리그 존의 졸업생보다 세인트존스의 졸업생이 창조적이고 혁신적인 분야로 진출해서 두각을 나타내는 것은 바로 이 생각하는 독서에서 비롯되었다고 볼 수 있죠.

슬로우 리딩의 기적

마지막 사례는 일본 메이지 시대에 태어나 남다른 국어 수업으로 기적의 교실을 일구어낸 한 선생님의 이야기입니다. 기적의 교실 주인공은 하시모토 다케시라는 분입니다. 기적의 교실의 시작은 그가 당시 공립학교에 갈 수 없었던 아이나 가는 학교였던 사립학교 나다 중학교에 발령받으면서부터입니다. 젊은 하시모토 다케시는 국어 교사로 발령받으면서 어떤 교사가 될까를 고민했죠. 그는 학생들에게 훗날 성인이 되어 아무것도 기억이 나지 않는 그런 수업은 하고 싶지 않았습니다. 어떻게든 진짜 공부를 시키고 싶었죠.

그래서 그는 메이지 시대에 감히 상상할 수 없었던 수업을 시작합니다. 그가 한 일은 우선 교과서를 버리는 일이었습니다. 중학교 3년 내내 교과서는 한 번도 들춰보지 않고 대신 나가 간스케의 《은수저》라는 얇은 소설 한 권을 선택해서 읽도록 했습니다. 중학교 3년 내내 얇은 소설책 한 권을 읽는 것이 국어 공부의 전부라니요. 당시는 물론, 지금의 우리로서도 쉽게 받아들일 수 없을 겁니다.

그러나 하시모토 다케시의 수업은 그저 소설책 한 권을 열심히 읽는 정도가 아니었습니다. 《은수저》 수업은 때때로 2주 동안 한 페이지도 못 나갈 정도의 느린 속도로 단어와 문장을 꼼꼼하게 분석하고 그 의미를 깊게 파고들었습니다. 한 줄 한 줄 읽다가 아이들의 흥미를 일으킬 만한 단어를 만나면 책 읽기를 멈추고 단어의 이면에 있는 개념과 역사적 배경, 어원, 감각, 사고방식까지 이해하는 방식이었습니다.

이 슬로우 리딩 수업은 소설 속의 등장인물이 보고 듣고 느낀 것을 아이들이 그대로 체험한 것처럼 느끼게 하고, 한 구절 한 구절 천천히 음미하며, 때로는 학생들의 흥미를 좇아 샛길로 빠지는 읽기 수업이었습니다. 소설에서 주인공이 막과자를 먹는 장면이 나오면 수업 시간에 아이들과 함께 막과자를 먹었고, 연 날리는 장면이 나오면 하시모토 선생과 아이들은 연을 만들어 밖으로 나가 연을 날렸습니다.

하시모토 다케시는 그저 한 권의 소설을 읽고 떼었다는 것이 중요하다고 여긴 것이 아닙니다. 어떻게 하면 소설 속 내용을 자신의 체험으로 만들 것인가에 초점을 둔 것입니다. 빠른 속도로 남보다 많이 읽는 것이 중요한 것이 아니라 제대로 느끼고 생각하고 체험하는 것이 진짜 공부라고 생각한 것이죠. 하시모토 선생님은 세상을 살아갈 때 속도와 양이 중요한 것이 아닌 것을 《은수저》라는 소설 한 권을 통해 몸소 보여주었습니다.

아이들은 이 수업을 통해 어떤 일을 할 때, 시간이 걸려도 제대로 철저하게 하는 방법, 다면적으로 생각하며 때로는 샛길로 빠져 창조적으로 생각하는 방법을 익혔습니다.

《은수저》수업은 별 볼 일 없던 나다 중학교를 기적의 학교로 탈바꿈시켰습니다. 은수저 수업 1기부터 일본의 명문인 도쿄 대학 입학 합격률이 늘어나기 시작하여 3기에는 사립학교 사상 최초로 도쿄 대학 최다 합격이라는 위업을 달성했으니까요. 그뿐만 아니라 《은수저》로 공부한 아이들은 훗날 사회에 나간 뒤에도 다양한 분야에서 벽을 계단으로 만드는 진취적인 활동을 했습니다. 이 이야기는 이토 우지다카의 《천천히 깊게 읽는 즐거움》이란 책을 통해 우리나라에도 소개되어 널리 알려졌죠.

독서는 책을 몇 권을 읽었느냐가 중요한 것이 아닙니다. 한 권을 읽더라도 책을 쓴 저자의 생각에 얼마나 더 깊이 다가갔느냐, 그래서 보이지 않는 의도와 의미까지 얼마나 철저히 이해했느냐, 그로 인해 내 생각은 얼마나 더 커지고 발전했느냐가 중요한 것입니다.

그러기 위해서는 속도나 양에 집착하기보다는, 천천히 깊게 생각하고 또 생각하며 읽어야 합니다. 이것을 하시모토 다케시 선생님처럼 몸소 보여주고 아이들이 느끼게 해야 합니다. 그러니 앞으로 아이가 책을 읽을 때 "책은 천천히 생각하며 읽는 거란다"라고 슬며시 얘기해 주세요.

02

반복 읽기

인간은 망각의 동물입니다. 모두 다 아는 사실이죠. 그런데 이 사실조차 망각하는 게 문제인 것 같습니다. 독일의 심리학자 헤르만 에빙하우스(Hermann Ebbinghaus)는 시간의 경과에 따라 급속하게 떨어지는 사람의 기억력을 '망각곡선'으로 나타냈죠. 사람은 무엇인가를 습득하고 한 시간 후부터 망각이 일어나기 시작하여 하루가 지나면 70%가 사라지고, 한 달 후에는 거의 남아있는 것이 없다고 합니다.

에빙하우스는 기억이 사라지기 전 최소 네 번 반복하는 것이 처음과 같은 기억을 유지하는 비결이라고 했습니다. 단기기억에 저장돼 있어서 곧 사라질 지식이 1시간, 1일, 1주일, 1달 간격으로 4회 반복 학습을 하면 장기기억으로 저장되는 것입니다.

우리 뇌는 어쩌다 한 번 들어온 정보는 중요하다고 여기지 않습니다. 그러나 이것이 반복 입력되면 뇌는 그 정보의 중요성을 인식하고 그것에 대한 신경회로를 만들고 강화시켜 언제든지 꺼내 쓸 수 있도록 만듭니다. 학습에서 반복의 중요성을 강조하는 것은 이와 같은 뇌의 기억 메커니즘 때문입니다.

비슷한 얘기를 '1만 시간의 법칙'에서도 찾아볼 수 있습니다. '1만 시간의 법칙'은 1993년 미국 콜로라도 대학교의 심리학자 앤더스 에릭슨(K. Anders Ericsson)이 자신의 논문에서 처음 등장시킨 개념입니다. 그는 세계적인 바이올린 연주자와 아마추어 연주자 간 실력 차이는 대부분 연주 시간에서 비롯된 것이며, 우수한 집단은 연습 시간이 1만 시간 이상이었다고 주장했습니다. 이 논문은 다양한 분야에 영향을 끼쳐, 어떤 분야의 전문가가 되기 위해서는 최소한 1만 시간의 반복 훈련이 필요하다는 법칙을 만들어냈죠.

이처럼 인간의 기억력을 유지하고 평범한 사람을 전문가로 만들어 내는 것은 끊임없는 반복이라는 것을 우리는 알아차려야 합니다.

읽을수록 깊어진다

독서도 마찬가지입니다. 꼼꼼하게 한 번을 읽는 것보다 가볍게 여러 번 읽는 것이 기억에 더 효율적입니다. 전에 읽었던 책을 다시 꺼내 들었을 때 분명 정성껏 읽고 밑줄까지 그은 흔적이 있는데 처음 읽는 것 같은 느낌이 든 적이 있으실 겁니다. 기억에서 다 날아가 버렸다는 증거죠.

책을 한 번 읽고 나서 다 읽었다며 두 번 다시 들춰보지 않는 아이가 많은데, 반복의 중요성을 모르기 때문에 그렇습니다. 따라서 부모가 아이와 함께 같은 책을 여러 번 반복해서 읽어보기를 권합니다. 처음 읽었을 때 지나쳤던 것을 두 번째 읽었을 때 깨닫게 되고 세 번째 읽으면 깊이가 더해지게 됩니다. 이렇게 되면 아이는 반복 독서의 필요성과 중요성을 이해하게 됩니다.

반복 독서의 필요성과 중요성을 인식했다면, 효과적인 실행 방법을 고민해봐야겠죠. 프랜시스 로빈슨(Francis P. Robinson) 교수의 SQ3R 5독 읽기법을 참고하여 반복 읽기의 중심을 잡아보시길 바랍니다.

<SQ3R 5독 읽기법>

S(survey) : 훑어 읽기

1독은 책 전체를 훑어 읽기로 가볍게 읽습니다.

Q(question) : 질문하며 읽기

2독은 책의 제목뿐 아니라 본문에서 얻고자 하는 지식을 질문 형태로 바꿔봅니다.

R(read) : 읽기

3독은 2독에서 만든 질문에 대한 답을 찾아가며 처음부터 끝까지 읽습니다.

R(recite) : 회상하며 읽기

3독에서 더 나아가 깊이 이해하며 읽는 과정으로, 때로는 책을 안 보고도 말할 수 있는지 점검하며 읽습니다.

R(review) : 복습하며 읽기

마지막 단계로 읽은 내용을 다양한 방법으로 정리해봅니다. 마인드맵이나 노트 정리, 필사 등의 방법으로 책의 내용을 철저히 내면화하는 과정입니다.

독서의 자신감은 반복 독서에서 생긴다

아이들도 이러한 틀을 가지고 반복 훈련해야 제대로 된 독서를 할 수 있습니다. 어른이 보기에 동화책 정도를 무슨 5독이나 하냐고 생각할 수 있지만, 그건 어른의 생각이지 아이 입장에서는 그렇지 않습니다. 아이는 책을 통해 그동안 접하지 못했던 새로운 인물, 새로운 어휘. 새로운 세상을 만납니다. 부모는 다 아는 내용이어서 수월할지 모르지만, 아이에게는 생경한 경우가 많습니다. 따라서 한 번 읽고 내용을 모두 이해하고 깊이 사고한다는 것은 불가능에 가깝습니다.

이렇게 한 권의 책을 연속해서 반복적으로 읽는 방법은 스토리 형식의 동화책에도 필요하지만, 보통은 비문학 독서에 더욱 필요합니다. 반복 읽기를 통해 책의 지식정보를 깊게 이해하고 정리하는 단계로 가면, 아이는 한 권의 책을 완전히 자기화했다는 자신감과 성취감이 생겨 스스로 책을 찾아 읽는 독서의 선순환이 일어납니다.

감성이나 상상력, 인성, 가치관 등을 길러내는 창작, 명작, 전래동화와 같은 스토리 위주의 책은 일정 간격을 두고 반복 읽기를 해도 그 효과가 좋습니다. 자신의 사고력이 성장함에 따라 또 자신의 경험이 늘어남에 따라 책의 내용을 해석하는 능력이나 적용하는 능력이 달라지기 때문입니다. 예를 들어 황순원의 《소나기》를 읽는다고 했을 때 초등학교, 중학교, 고등학교 때 읽는 느낌이 다를 것이고, 어른이 된 후의 느낌도 완전히 다를 것입니다. 개인의 사고와 경험치가 달라졌기 때문입니다.

따라서 좋은 책은 한 번 읽고 마는 것이 아니라 두고두고 때때로 꺼내 읽으며 그곳에서 세상을 살아가는 지혜와 통찰력을 길러야 합니다.

반복 읽기의 힘은 생각보다 위대합니다. 야마구치 마유는 도쿄 대학 재학 중 독학으로 사법 시험과 공무원 1급 시험에 합격하고, 도쿄대학을 수석으로 졸업한 사람입니다. 현재 변호사로 활동 중인 그녀는 자신의 합격 비결을 반복 읽기라고 했습니다. 책의 내용을 표지부터 마지막 장까지 완벽하게 이해할 수 있도록 최소 7번 이상 통독으로 반복하는 것입니다. 반복 읽기는 글자만 반복해서 읽는 것이 아니라 반복해서 읽을수록 깊어지는 독서를 말합니다. 그러므로 반복 읽기는 책의 내용을 완전히 자기 것으로 만드는 독서입니다.

'독서백편의자현(讀書百遍義自見)'이라는 말이 있죠. 뜻이 어려운 글도 자꾸 되풀이해서 읽으면 그 뜻을 스스로 깨우쳐 알게 된다는 말입니다. 부모의 독서 철학은 아이의 독서습관으로 이어집니다. 반복의 힘을 아는 부모가 한 권을 읽더라도 제대로 읽는 독서가로 키워냅니다.

03
질문하며
읽기

독서는 저자와의 만남이자 대화이며 소통입니다. 글을 통해 저자의 생각을 확실히 이해할 때 그것에 찬성할지 반대할지 또, 무엇을 새롭게 배울지가 보입니다. 그래야 책을 통해 내 생각이 정리가 되어 자신만의 의견이 생깁니다. 독자가 저자의 생각과 의도를 정확히 파악했다는 것은 책을 제대로 읽었다는 의미이기도 합니다. 그럼 어떻게 하면 저자의 생각과 숨겨진 의도까지 확실하게 파악할 수 있을까요? 아주 쉽습니다. 질문하면 됩니다.

생각을 불러오는 질문

저자는 독자의 눈앞에 존재하지 않지만, 독자는 책을 통해 저자에게 질문할 수 있습니다. 책에 질문하는 것은 가장 적극적이고 주도적인 독서법입니다. 책의 내용을 수동적으로 받아들이는 것은 가만히 앉아서 TV를 시청하는 것이나 다름없습니다.

독서는 일방적으로 지시하고 정답을 가르쳐주는 주입식 공부가 아닙니다. 그런데 여전히 독서를 주입식 공부처럼 받아들이는 아이들이 있습니다. 진정한 독서의 재미를 맛본 적이 없기 때문이죠.

아이는 책을 통해 스스로 생각하고 질문하고 깨달아 행동해야 합니다. 독서를 통해 문제의 본질을 찾아내는 능력을 기르고, 자신만의 독창적인 문제해결방법을 터득해야 합니다. 그리고 정보의 타당성을 구분하는 비판적인 사고력을 길러 창의력으로 확장해야 합니다. 이것이 시간과 에너지를 쏟아 독서를 하는 이유입니다.

따라서 독서는 수용적인 독서가 아니라 적극적이고 비판적인 독서로 바뀌어야 합니다. 이것은 스스로 질문을 던지고 자발적으로 그 해답을 찾아가는 '질문하는 독서'에서 비롯됩니다.

'이래라저래라' 지시하는 것은 아이의 생각을 멈추게 하는 지름길입니다. 시키는 대로 움직이는 것은 이제 로봇에게 넘겨줘야 합니다. 부모가 일방적인 지시 대신에 "네 생각은 어떠니?"라고 질문하면 아이는 자신도 모르게 생각하기 시작합니다. 인간의 본능이기 때문이죠. 아이를 양육할 때 지시와 강요로 생각을 멈추게 할지, 질문으로 생각을 길러낼지는 여러분의 선택에 달려 있습니다.

질문하면 더 많은 것이 보인다

디지털 시대는 아날로그 시대에 비해 많은 것이 자동화되었죠. 이에 따라 생활은 편리해졌을지 몰라도, 아이들의 사고력은 점점 퇴보하고 있습니다. 자동화로 생각할 기회가 줄어들고 있기 때문이죠.

인공지능과 공존하는 세상에서 사람의 경쟁력은 '생각'인데, 아이들은 점점 생각하는 것을 피하고 힘들어 합니다. 그러나 어려서부터 일상적으로 생각을 자극하는 질문을 많이 받으며 자란 아이들은 오히려 생각하기를 즐깁니다. 생각은 많이, 자주 할수록 그 그릇이 커지기 때문이죠.

독서는 생각 연습의 훌륭한 도구입니다. 따라서 독서가 경쟁력이 되려면 생각하는 독서를 해야 합니다. 생각하는 독서란, 곧 질문하는 독서입니다. 아이가 책을 읽으며 질문을 하면 할수록 아이의 생각 그릇은 점점 커지게 됩니다.

PART 4의 첫 단락에서 '천천히 생각하며 읽기'에 대한 이야기를 나누었습니다. '천천히 생각하며 읽기'는 책과 질문하고 대답하며 깊이 소통하는 것으로, 이번 '질문하며 읽기'와 연결되어 있습니다. 그러므로 함께 연결해서 생각해보시길 바랍니다.

책에 질문하는 것은 어떤 것이든 상관없습니다. 질문을 많이 할수록 적극적인 독서가가 되는 기죠. 질문은 독서의 목표, 즉 본질에 더 가까이 다가갈 수 있도록 도와줍니다. 더 깊이 사고하고 이해하려면 질문을 많이 해야 합니다.

- 이 책은 무엇에 관한 이야기인가?
- 이 책을 통하여 알고자 하는 것은 무엇인가?
- 이미 알고 있는 사실과 새롭게 알게 된 사실은 무엇인가?
- 저자는 이 책을 통하여 무엇을 말하고 있는가?
- 저자의 생각은 타당한가?
- 나는 저자의 생각에 찬성하는가? 반대하는가?

이처럼 책을 읽으며 책의 제목, 전체 구성과 글의 구조, 글의 내용 등등에 관하여 질문해볼 수 있습니다. 호기심을 가지고 질문하면 할수록 독서의 흥미는 증폭되죠. 질문에 답을 찾기 위해서 읽기 때문입니다.

질문에 대한 답을 찾기 위한 노력은 책을 더 분석적이고 세밀하게 읽게 합니다. 따라서 질문하며 읽기는 생각을 키울 뿐 아니라 책을 더 적극적으로 탐색하게 합니다. 그리고 책 속의 정보를 더 쉽게 찾아내고 자기만의 방식으로 정리하게 합니다. 이런 과정이 곧, 비판적 사고력을 기르는 과정입니다. 정보의 홍수 속에서 정보의 옥석을 가려내는 비판적 사고력은 갈수록 중요해지고 있습니다. 그러니 질문하는 독서를 소홀히 해서는 안 되겠죠.

질문은 빨리 몰입하게 한다

책을 읽기 전, 표지를 보고 또는 전체적으로 훑어보고 아이와 함께 질문을 만들어보세요. 그리고 다시 책을 읽어보세요. 아이가 책에 몰입하는 모습을 볼 수 있을 겁니다. 아이는 스스로 만든 질문에 대한 답을 찾으며 읽을 때 좀 더 집중하니까요.

예를 들어, 모리스 샌닥(Maurice Sendak)의《괴물들이 사는 나라》에 질문을 던져 봅시다.

- 괴물들은 어떤 곳에서 살까?
- 괴물은 어떻게 생겼을까?
- 엄마는 왜 주인공에게 화를 냈을까?
- 엄마에게 혼이 난 주인공의 기분은 어땠을까?
- 괴물들이 사는 나라는 행복할까?
- 괴물들이 사는 나라에 간다면 나는 무엇을 할까?

질문하는 독서는 목적이 분명한 독서입니다. 목적이 분명한 독서는 몰입이 빨리 일어납니다. 질문에 대해 생각하며 읽기 때문입니다. 아이가 독서에 몰입한다는 것은 독서를 즐긴다는 의미입니다. 따라서 독시가 습관이 될 확률이 높습니다. 무엇이든 재미있으면 하지 말라고 해도 하니까요.

이처럼 질문하는 독서는 생각 그릇을 키우고, 깊숙이 탐색하여 비판적인 사고력을 갖게 하며, 몰입을 통해 독서를 즐기는 아이로 성장하게 합니다. 커서도 독서가 습관이 되어 삶 속에서 그대로 이어집니다.

무엇을 하든지 스스로 질문하고 질문을 통해 그 의미를 발견하면, 주도적으로 실천하기 마련입니다. 그러면 성공은 당연히 따라오겠죠. 결국 질문에 대한 답을 찾는 노력은, 인생의 주인이 되기 위한 노력이라고도 할 수 있습니다.

아이에게 소중한 것을 가르치고 싶으신가요? 그렇다면 명령, 지시, 강요 대신 질문을 해보세요. 스스로 소중한 것을 발견할 수 있도록 말입니다.

04
쪼개고
나누어 읽기

책을 읽는 방법은 여러 가지가 있습니다. 그런데 많은 부모가 실수하는 것이 책을 처음부터 끝까지 한 가지 방법으로 읽어야 한다고 생각하는 것입니다. 이런 부모의 고정관념은 아이에게 고스란히 전달됩니다. 그래서 아이 역시 자신의 취미나 흥미와 관계없이 모든 책을 같은 방법으로 읽습니다. 독서에 대한 이런 편견이 쌓여 책을 싫어하는 아이로 만들기도 합니다.

독서 실력이 쌓여 유능한 독서가가 되면 주어진 책을 빠르고 정확하게 읽겠지만, 우리 아이는 지금 책을 통해 독서를 배우는 과정에 있음을 잊지 말아야 합니다. 사실 유능한 독서가일수록 책의 종류에 따라, 자신의 흥미에 따라 다양한 방법으로 읽습니다. 장르나 특성에 따라 방법을 달리해서 읽으면 더 효과적인 독서를 할 수 있기 때문이죠.

여러 가지 읽기 방법 이해하기

그러면 여기서 먼저 몇 가지 읽기 방법을 살펴볼까요.

1. 정독(精讀) : 정독은 내용을 자세히 파악하며 읽는 방법입니다. 세세한 부분까지 주의하여 빠진 곳이 없도록 깊이 생각하고 따지면서 읽습니다. 한 작품이나 문장을 읽은 후, 전체 뜻을 파악하고 저자가 이야기하고자 하는 주제나 요지를 정확하게 파악하기 위한 독서법입니다.

정독은 앞에서 논했던 '천천히 생각하며 읽기'나 '질문하며 읽기'에 해당합니다. 아이가 독서할 때 꼭 알아야 할 읽기법으로 그 효과가 높습니다. 정독은 다음과 같이 다시 나누어 볼 수 있습니다.

   1) 지독(遲讀) : 머무르는 책 읽기, 중요한 내용에 밑줄을 긋거나 메모하며 읽기.

   2) 숙독(熟讀) : 내용을 숙지하고 내면에 되새기면서 읽기.

   3) 미독(味讀) : 문장이나 표현 등을 되새기면서 그 의미를 음미

하며 읽기.

  4) 소독(素讀): 책을 읽고 나서 사색하는 읽기, 읽은 책을 떠올리면서 명상하는 읽기.

  5) 오독(悟讀): 깨달음의 독서, 읽은 것을 삶에 적용하는 읽기.

  6) 재독(再讀): 반복 읽기.

2. 속독(速讀) : 빨리 읽기입니다. 하지만 글자만 빨리 읽는다고 속독은 아닙니다. 짧은 시간에 많은 분량을 읽지만, 그 의미까지 제대로 이해하며 읽는 것을 말합니다. 아이가 속독에 대해 자칫 오해하는 경우가 있는데, 속독의 의미를 잘 파악해야 합니다.

3. 음독(音讀) : 소리 내어 읽는 것으로, 문자나 말을 확인하며 읽는 방법입니다.

4. 낭독(朗讀) : 큰 소리로 읽기입니다. 요즘은 낭독이 사라지는 추세지만, 성장기 아이에게 책의 재미를 느끼게 해줄 방법 중 하나입니다. 또, 독서를 할 때 감각을 많이 사용할수록 읽기의 효과도 높다는 사실을 알아야 합니다.

5. 묵독(黙讀), 목독(目讀) : 소리 내지 않고 눈으로 조용히 읽는 방법입니다. 내용을 생각하며 마음속으로 읽을 수 있어 집중하여 읽기에 적합합니다. 음독이나 낭독에서 묵독으로 자연스럽게 넘어갈 수 있으려면 책을 자주 접하고 많이 읽어봐야 합니다.

6. 통독(通讀) : 훑어 읽기입니다. 전체적으로 가볍게 읽는 방법으로, 중요하거나 미리 알아야 하는 부분을 대강 훑어 읽으며 책을 고

를 때 효과적인 방법입니다. 간혹 통독을 좋지 않은 독서법으로 여기는 경우가 있는데, 그것은 편견입니다. 정독도 필요하지만, 통독과 같이 훑어 읽기도 독서의 한 가지로 이해해야 합니다.

7. 적독(摘讀) : '발췌독'이라고도 불리는 적독은 한 권의 책 가운데서 꼭 필요한 부분만 찾아 골라 읽는 방법입니다. 한 권의 책을 꼼꼼히 읽을 시간이 부족할 때 효과적인 방법입니다. 발췌독은 책에 흥미를 일으켜 전체를 정독으로 읽게 하는 자극제가 되기도 합니다.

8. 다독(多讀) : 여러 종류의 책을 많이 읽는 방법입니다. 다독은 여러 종류의 책을 두루 읽는 방법이지만, 양에 그 의미를 두어서는 안 됩니다. 동전의 양면처럼 다독과 정독이 함께 간다고 생각해야 합니다.

9. 구연(口演) : 책을 좀 더 실감 나고 재미있게 읽는 방법으로 연기하듯 읽습니다. 초보 독서가의 흥미를 자극하기 위한 독서법입니다.

쪼개고 나눌 수 있다는 사실을 알려줘야 한다

독서에서 기본적인 읽기 방법을 알아보았습니다. 여기서 한 가지 추가하고자 하는 읽기 방법은 '쪼개고 나누어 읽기'입니다. 쪼개고 나누어 읽기는 한 권의 책을 단번에 모두 읽을 필요는 없다는 전제 조건이 깔려 있습니다.

　대부분 아이는 얇고 단순한 동화책을 접하다가 학년이 올라갈수록 책의 분량이 많아지면, 읽기를 피하거나 포기합니다. 동화책 정도는 앉은 자리에서 몇 십 권도 거뜬히 해치웠지만, 동화책을 벗어나 100쪽, 200쪽, 300쪽짜리 책을 읽으려니 부담스러운 것이죠.

　이때 아이들에게 알려줘야 하는 독서법이 '쪼개고 나누어 읽기'입니다. 반드시 한자리에서 한 권을 다 읽을 필요는 없다는 사실을 아직 모르고 있는 아이가 있어요. 그건 부모도 마찬가지입니다. 아이의 읽기능력을 키우기 위해 점점 두꺼운 책을 선택하기는 하지만, 양이 많아지니 한 번에 읽어주기가 벅차다는 말씀을 하십니다. 그동안 동화책 위주로 읽어주다 보니 나누어 읽을 필요가 없었기에, 다른 책을 읽을 때도 나누고 쪼갠다는 생각을 미처 못하는 거죠.

　그래서 부모가 먼저 분량이 많은 책을 피하는 경우도 많습니다. 하지만 아이가 동화책만 읽어서는 안 되죠. 분량이 적은 책만 계속 읽는다면, 아이의 읽기능력은 발달하기 어렵습니다. 아이가 성장함에 따라 읽기의 양도 늘어나야 읽기능력이 향상됩니다.

　읽기의 양이 늘어나면 통독이나 발췌독을 하거나 쪼개고 나누어 읽어야 합니다. 우선 분량이 많은 책은 전체적으로 어떤 내용인지 파악하기 위해 통독합니다. 그래야 어떤 읽기 방법을 사용할 것인지 독서 전략이 나오니까요. 그다음 관심이 가는 대목을 발췌독합니다.

　통독과 발췌독으로 책 전체에 대해 대강 알아봤다면, 이제 처음부터 본문을 읽을 차례입니다. 문학의 경우는 기승전결의 스토리를 따라 읽어야 하므로 뒤죽박죽 읽어서는 안 되겠죠. 차례대로 스토리를 따라 읽되 나누어 읽으며 독서의 호흡을 조절합니다. 반면에 스토리가 아닌 정보글 형태로 되어있는 비문학 글은 차례를 먼저 보고 관심 있는 분야부터 읽어도 무방합니다. 비문학의 경우 책에 각각의 단원이 있고, 그에 따른 목표가 있으므로 단원별로 나누어 읽어 그 목표만 달성하면 됩니다. 이렇게 단원별로 쪼개고 나누어 읽기를 하면 부담 없이 한 권을 읽을 수 있어 성취감이 대단히 커집니다.

어떻습니까? 이렇게 쪼개고 나누어 읽게 하면 아무리 분량이 많은 책이라도 아이가 쉽게 읽겠죠? 그렇게 한 권을 모두 읽고 나면 성취감과 자존감도 높아질 거고요. 또한, 앞으로는 분량이 많다고 지레 겁먹지 않고 도전하게 되겠죠.

독서에는 여러 가지 방법이 있습니다. 부모가 먼저 다양한 독서 방법을 이해해야 적재적소에 필요한 독서법을 아이에게 안내해줄 수 있습니다.

05

낯설게,
남과 다르게 읽기

독서는 저자의 생각에 접속하는 행위입니다. 저자는 자기 생각과 의견을 근거와 함께 펼쳐냅니다. 그것을 읽고 이해하는 행위가 바로 독서입니다. 따라서 독서는 저자의 생각과 가치관에 가까이 다가가는 것이라 할 수 있습니다.

그러나 이것이 독서의 목적은 아닙니다. 독서의 참뜻을 모르는 부모 또는 아이는 글을 읽고 이해하는 행위 자체에 매몰되어 독서의 본질적인 목표에 도달하지 못합니다.

창의성은 21세기의 생존

독서가 저자의 생각에 접속하여 그 생각을 이해하고 받아들이는 행위이지만, 그 안에 자신을 가둬두면 안 됩니다. 그것은 일차원적 독서에 불과합니다.

독서의 진정한 목적은 저자의 생각을 그대로 수용하는 것이 아니라, 저자의 생각과 독자의 생각을 결합하여 또 다른 생각으로 나아가는 것입니다. 독서는 저자의 관점을 발판으로 자신만의 독창적인 관점을 만들어내는 창의성의 도구입니다. 이것이 독서의 진짜 목표입니다.

창의성은 21세기를 살아가는 아이의 생존을 좌우하는 능력입니다. 자동화, 매뉴얼, 알고리즘, 스스로 공부하는 인공지능 등이 판을 치는 세상에서 인간의 유일한 경쟁력은 기계가 하지 못하는 '독창적인 생각' 즉, '창의성'입니다. 이것을 모르는 부모는 없을 것이라 생각합니다.

그런데 기성세대는 창의성에 대해 과연 제대로 알고 있을까요? 국가가 한참 성장하는 시대에 자랐던 부모들은 정형화된 시스템 속에서 성실하고 근면하게 주어진 일만 잘하면 됐습니다. 그래도 큰 문제가 없었으니 창의성은 관심 밖이었죠. 또 창의성은 특별한 사람에게 신이 준 재능 정도로만 여겼습니다. 레오나르도 다빈치, 아인슈타인, 세종대왕, 스티브 잡스와 같이 우리와는 다른 차원의 인간이 가진 능력이라고 생각한 것이죠.

그런데 문제는 과학기술이 진화할수록 세상은 다른 생각, 특별한 생각, 독창적인 생각을 요구하고 있다는 것입니다. 즉, 우리 모두 특별한 인간이 되기를 원하는 것입니다.

사실, 기계와 비교하면 우리 모두 특별한 인간인 것이 맞습니다. 그러니 생각을 바꿔 창의성과 친해져야 합니다. 창의성과 관계없어도 잘 살았던 기성세대이지만, 이제는 자녀가 잘살도록 하기 위해 창의성이 풍부한 아이로 키워내야 합니다. 익숙하지 않았던 일이니 많은 노력이 필요하겠죠.

창의성은 편집능력이다

그래서 우리는 이 시점에서 창의성의 본질을 다시 한번 확인할 필요가 있습니다. 20세기가 모든 것이 함께 발달한 성장사회라면, 21세기는 지속적인 성장보다 더 깊고 성숙한 성숙사회입니다. 성장사회에서는 기존에 없던 것들이 많이 등장했습니다. 컴퓨터, 핸드폰, 인터넷 등등이 그렇습니다. 그러나 성숙사회는 더 이상 새로운 것이 없습니다. 개발하고 발명해야 할 것은 이미 다 했다는 것입니다. 그런데도 창의성을 부르짖는 것은 왜일까요? 창의성의 개념이 바뀌고 있기 때문입니다.

21세기 성숙사회의 창의성은 20세기 성장사회의 창의성과 다릅니다. 예를 들어볼까요? 21세기 들어, 우리 삶의 본질까지 흔들어 놓은 창의성의 대표 주자는 단연 스마트폰입니다. 그런데 스마트폰은 세상에 없던 새로운 물건이 아니었습니다. 찬찬히 살펴보면 기존의 전화기, MP3, 디지털카메라, 컴퓨터, 녹음기 등을 하나로 합친 기계라는 걸 알 수 있습니다. 여기에 스마트폰이라는 새로운 이름을 달고 세상에 나왔을 뿐이죠. 그런데도 우리는 스마트폰이 등장하자 마치 하늘에서 뚝 떨어진 양 놀라워했죠.

　　여기서 우리는 창의성의 본질을 다시 확인하고 점검해볼 필요가 있습니다. 즉, 21세기의 창의성은 무에서 유를 창조하는 것이 아니라 기존의 지식과 정보를 연결하고, 해체하고, 결합하는 편집능력이라는 것을 말이죠. 다시 말해, 기존의 것을 재조합, 재구성, 재명명하는 능력이, 곧 창의성입니다.

　　이것은 특별한 사람만의 특별한 능력이 아니라, 누구라도 노력하고 연습하면 가능한 능력입니다. 현대 사회는 모든 것을 개방하고 공유하는 사회이기 때문입니다. 모든 이에게 모든 조건이 공평하게 주어졌으니 주어진 것을 새롭게 보는 연습만 하면 됩니다. 다시 말해, 사물이나 현상을 다양한 관점으로 바라보고, 당연한 것을 당연하지 않게 여기는 것이 창의성을 기르는 가장 좋은 방법이라는 것을 알아야 합니다.

독서는 창의성 발달의 가장 좋은 도구

책은 이런 훈련을 할 수 있는 최적의 매체입니다. 창의성은 기술이 아닙니다. 창의성은 문제집으로, 일방적인 주입식 교육으로, 단순 암기로 길러지는 역량이 아닙니다. 창의성은 사고방식의 문제입니다. 어려서부터 다면적으로 생각하고, 남과 다르게 생각하고, 당연한 것을 의심하는 훈련을 해야 합니다. 이것은 타고나는 것이 아니라 길러지는 것이기 때문입니다.

책에는 저자의 생각과 관점이 있습니다. 기본적으로 독자에게 전달하고자 하는 일관된 생각이 책의 바탕을 이루고 있는 거죠. 이것은 유에서 또 다른 유를 만들어내는 창의성의 바탕이 됩니다. 독자는 저자의 생각이 머무는 그곳에서, 저자의 생각 재료를 이용하여 새로운 생각을 하기 때문이죠.

그러므로 책을 읽을 때 저자의 의견을 그대로 수용하지 말고 저자와 다른 관점에서 접근하는 노력이 필요합니다. 예를 들어, 등장인물의 성격을 바꿔보고, 사건을 뒤집어보고, 결말을 바꿔보는 겁니다. 저자의 생각을 비틀어보고, 뒤집어보고, 남과 다르게, 일부러 낯설게 접근해보는 겁니다.

이것이 창의성을 발달시키는 독서 훈련입니다. 저자의 세상에 들어가서 자신만의 세상을 구축해보는 것이 바로 창의적 읽기입니다. 누구나 다 아는 이야기를 읽고 이해하는 것은 누구나 다 할 수 있습니다. 그러나 그 속에서 새로운 세상을 만드는 것은 오직 나만이 할 수 있습니다.

나만의 심청전과 신데렐라

심청전을 읽고 효를 떠올리는 것은 누구나 다 할 수 있습니다. 그런데 당연한 이야기에 반항을 해보면, 다른 것이 보이기 시작합니다.

심청이가 눈먼 아버지를 위해 자신의 몸을 바다에 던진 것이 아니라 눈먼 아버지를 봉양하는 것이 너무 힘들어서 그런 선택을 했다고 가정하면 내용이 어떻게 바뀔까? 효녀 심청이라는 캐릭터를 놀부 심청이로 바꾸면 이야기가 어떻게 달라질까? 효녀 심청이가 2018년에 살았다면 눈먼 아버지를 요양원에 보내지 않았을까? 심청이가 공양미 300석을 거부했다면 어떻게 됐을까? 등등으로 관점을 바꿔보면 다른 세상이 열리고, 생각은 여러 방향으로 확장하기 시작합니다.

하나의 이야기가 모티브가 되어 다양한 버전으로 재창조되는 사례는 무수히 많습니다. 고전 신데렐라 이야기가 현대판 멜로드라마의 단골 소재로 등장하는 것만 봐도 그렇습니다. 가난한 여자 주인공과 부유한 남자 주인공의 운명적인 만남, 갈등, 재회, 결합, 그 속에서 훼방을 놓는 나쁜 여자의 등장이라는 프레임을 보세요. 이런 구조를 갖춘 멜로드라마는 대부분 신데렐라의 각색 버전입니다.

21세기의 창의는 무에서 유를 창조하는 것이 아니라 유에서 또 다른 유를 찾아내는 것입니다. 이것은 독서로 훈련할 수 있습니다. 하나의 이야기를 중심으로 남과 다른 관점, 즉 자신만의 관점을 길러야 합니다.

아이에게 책을 읽어줄 때 그 이야기를 당연하게 받아들이는 것을 허용하지 마세요. "놀부가 흥부가 되고 흥부가 놀부가 된다면, 이야기는 어떻게 바뀔까?" 하는 질문으로 아이의 흥미를 자극하고, 시야를 확장하고, 관점을 바꿔주세요. 창의성의 새싹은 바로 그곳에서 움트니까요.

06

나라면 읽기

사람이 자신의 가치를 어떻게 바라보느냐에 따라 인생은 180도 달라집니다. 일리노이 대학 캐럴 드웩(Carol S. Dweck) 교수는 이 문제를 놓고 한 가지 실험을 했습니다. 11세 어린이 70명을 '성장형 사고방식'과 '고정형 사고방식'을 가진 두 그룹으로 나누어 퍼즐을 풀게 했죠. 처음에는 퍼즐을 풀기 전에 힌트를 주었고, 아이가 문제를 풀 때마다 맞았는지 틀렸는지 바로 피드백을 주었습니다. 그러는 동안 모든 아이들은 퍼즐을 푸는 방식을 학습하게 되었고, 두 그룹의 테스트 성적은 비슷했습니다.

그런데 다음 테스트에서 조건을 좀 더 어렵게 바꾸자 결과가 달라졌습니다. 우선 문제를 풀기 전에 힌트를 주지 않았고, 맞았는지 틀렸는지 피드백도 매번 주지 않고, 네 번째 대답을 할 때 마다 피드백을 주었습니다. 그러자 성장형 사고방식 아이들의 성적이 고정형 사고방식 아이들보다 압도적으로 높게 나왔습니다. 왜 이런 결과가 나왔을까요? 그 이유는 '틀렸다'는 피드백에 대한 두 그룹의 대응방식이 달랐기 때문입니다.

성장형 사고방식을 가진 아이들은 '틀렸다'는 피드백을 받으면, 문제를 풀기 위해 더 고민하고 생각하며 효율적인 전략을 쓰려고 노력했습니다. 반면에 고정형 사고방식을 가진 아이들은 '틀렸다'는 말을 받아들이기 힘들어했고, 이 때문에 자신의 기량을 발휘하지 못했습니다.

테스트를 마친 후 캐롤 드웩 연구팀은 아이들에게 문제를 푸는 것이 왜 어려웠냐고 질문했습니다. 고정형 아이들은 대부분 "내가 똑똑하지 못해서"라고 말했지만, 성장형 아이들은 단 한 명도 자신이 똑똑하지 못해서 문제를 못 풀었다고 대답하지 않았습니다. 대신 "문제가 연습할 때보다 어려워서", "더 열심히 풀지 않아서"등의 대답을 했습니다. 이처럼 고정형 아이들과 성장형 아이들은 자신을 바라보는 사고방식과 태도가 달랐던 것입니다.

고정형 사고방식과 성장형 사고방식

캐롤 드웩 교수는 사람들을 고정형 사고방식을 가진 사람과 성장형 사고방식을 가진 사람으로 나눌 수 있다고 주장했습니다. 고정형 사고방식은 '자신의 지능과 성격은 타고난 것이므로 바꿀 수 없다고 생각하는 사고방식'입니다. 반면에 성장형 사고방식은 '지능과 성격은 모두 변할 수 있으며, 어떤 일을 해내기 위한 노력과 태도가 중요하다고 여기는 사고방식'입니다. 이런 사고방식의 차이가 앞의 실험 결과로 나타난 것입니다. 그렇다면 우리 아이를 어떤 사고방식을 갖도록 길러야 할지 답은 나와 있는 거죠.

고정형 사고방식은 스스로 한계를 두어 실패에 바로 굴복하고 말지만, 성장형 사고방식은 실패를 자신의 한계를 뛰어넘어 더 큰 성취로 향해가는 과정으로 바라봅니다. 그렇다면 이 두 가지 사고방식은 어떻게 형성되는 것일까요? 바꿀 수 있는 걸까요?

캐롤 드웩 교수는 수학 성적이 나쁜 고정형 아이들을 다시 두 그룹으로 나누어 한 그룹은 일반적인 수학 학습 요령을 가르쳤고, 다른 한 그룹은 다음과 같이 성장형 사고방식을 가질 수 있도록 가르쳤습니다.

"너희들의 두뇌는 고정되어 있지 않아. 두뇌는 연습으로 힘을 키울 수 있는 근육과 같아. 열심히 노력하면 더 똑똑해질 수 있어. 너희들이 과거에 익힌 기술이나 능력을 생각해봐. 그리고 그 능력을 익히는 데 연습이 얼마나 중요했는지 기억해봐. 단시간에 무언가를 완전히 익힐 수 있는 법은 없어. 그러니 절대 포기하지 마. 너희의 두뇌는 연습을 통해 더 똑똑해질 수 있어."

매우 흥미로운 것은 드웩 교수가 단 두 시간의 교육으로 고정형 아이들의 수학 실력을 향상시켰다는 점입니다. 아이들의 사고방식은 어떤 식으로 교육하느냐에 따라 얼마든지 바뀔 수 있다는 것을 증명한 셈이죠. 그럼 부모의 어떤 태도가 아이의 사고방식을 고정형 또는 성장형으로 만드는 것일까요?

최근 칭찬의 역효과에 대한 연구 결과가 많이 나와 모든 칭찬이 좋은 것만은 아니라는 인식이 퍼지고 있습니다. 다시 말해, 무엇을 어떻게 칭찬하느냐에 따라 좋은 결과를 얻을 수도, 나쁜 결과를 얻을 수도 있다는 것이죠.

예를 들어, "너 정말 머리가 좋구나."와 같은 피드백은 결과나 지능을 칭찬하는 코멘트로, 고정형 사고방식을 갖게 합니다. 반면에 "정말 노력을 많이 한 것 같네." 등과 같은 피드백은 과정이나 태도를 칭찬하는 코멘트로, 성장형 사고방식을 갖게 합니다. 즉, 한 사람의 사고방식은 어떤 상황에서 어떤 피드백을 받느냐에 따라 180도 달라질 수 있습니다.

성장형 사고방식을 키우는 읽기법

부모는 아이가 성장형 사고방식을 가지고 자신의 가치를 제대로 바라볼 수 있도록 도와줘야 합니다. 그래야 독서를 하면서 자신을 성장형으로 마인드 셋을 할 수 있습니다. 독서는 책을 통해 나를 발견하고 성장시키는 좋은 방법입니다. 따라서 책을 성장 도구로 만들려면, 평소에 성장형 사고를 하는 연습이 필요합니다. 고정형 사고방식을 가진 아이는 아무리 좋은 책을 읽어도 자신을 변화시키기 쉽지 않기 때문이죠.

자기 스스로 지능이나 성격의 한계를 정해버린 고정형 사고방식의 아이는 "이것은 나하고는 상관없는 이야기야.", "이 사람은 원래 잘했을 거야.", "나하고는 차원이 다른 사람 이야기야."라며 책은 책, 나는 나의 방식으로 독서를 하죠. 이런 방식의 독서는 무미건조한 지식만을 습득하여 남 앞에서 아는 척은 할 수 있겠지만, 자신만의 지혜로 성장시킬 수는 없습니다. 독서는 자신의 무지를 깨닫고 겸손해지는 법을 배우는 과정이기도 한데, 이런 독서는 교만만 쌓이니 안 하느니만 못하겠죠.

그러나 성장형 사고방식을 가진 사람의 독서는 다릅니다. 이런 사람은 자신의 성장 가능성을 믿고 성장의 도구로 책을 활용합니다. 예를 들어, 책의 내용과 자신을 결부시켜서 자신에게 적용합니다. 책은 책, 나는 나가 아니라 책의 내용을 나의 이야기로 바꿉니다. 처음부터 끝까지 자신의 상황과 비교하고, 예측하고, 연결합니다.

아이 역시 마찬가지입니다. 성장형 사고방식을 가진 아이는 책을 읽으며 자신을 생각합니다. 자신의 발전된 모습을 떠올립니다. 아이가 그렇게 하지 않는다면, 부모는 아이가 그렇게 하도록 안내해야 합니다. 그것이 책을 읽는 목적이니까요.

"내가 흥부라면 어떻게 했을까?"

"내가 사냥꾼이라면 위험을 무릅쓰고 백설공주를 살려줬을까?"

"나도 스티브 잡스처럼 될 수 있어! 나랑 비슷한 점이 많네."

"나도 책을 많이 읽으면 빌 게이츠처럼 될 수 있을 거야."

"아, 이 사람은 공부가 싫증이 날 때 이런 방법을 사용했구나, 나도 해봐야지."

책 속의 이야기는 저자만의 이야기가 아닙니다. 그리고 등장인물만의 이야기도 아닙니다. 나 또한 이야기 속의 주인공이 될 수 있습니다. 그러므로 책 속의 이야기를 자신의 이야기로 바꿀 수 있어야 합니다. '나라면', '나도'의 마인드를 가지고 책의 내용과 자신을 오버랩시켜 읽어야 합니다.

그래야 책을 통해 변화된 자신을 만날 수 있습니다. 책을 통해 자신이 성장한다는 것을 깨달으면, 또다시 책을 집어들게 됩니다. 이렇게 평생 독서가는 자신의 경쟁력을 책으로 만들어냅니다.

07

주제별 읽기

　현재 우리나라 교육정책의 중심에는 창의융합교육이 있습니다. 과거 분업 사회에서는 개인의 역할이 뚜렷이 나누어져 있었고, 다른 사람과 상관없이 나에게 주어진 일만 잘하면 성공했습니다. 따라서 학교는 교과목을 철저히 분리했고, 학생들에게 정형화된 지식을 주입했습니다.

　그러나 과학기술의 발달로 4차 산업혁명 시대를 사는 지금은 모든 것이 다양한 방법으로 연결되어 있습니다. 사람과 사람이, 사물과 사물이, 사람과 사물이 연결되어 있습니다. 비즈니스에서도 마찬가지입니다. 이미 오래전 산업의 경계는 사라지기 시작했고, '콜라보레이션'이라는 용어가 등장하여 협업과 프로젝트 형태의 비즈니스가 주목받기 시작했습니다.

상황이 이렇게 바뀌자 학교에서는 과목을 분리하고 일방적으로 정해진 지식을 주입하는 것에 대해 반성하기 시작했습니다. 그리고 모든 것이 연결되는 융합사회에 걸맞게 하나의 주제를 가지고 다양하게 연결하고, 확장하고, 응용하는 융합교육의 방향으로 가고 있습니다.

우리는 PART 1 '공부의 진화코드, 창의융합교육을 잡아라'에서 융합교육의 세 가지 본질을 살펴봤습니다. 다시 기억을 떠올려볼까요? 융합교육의 세 가지 본질은 첫째, 연결성, 둘째, 실용성, 셋째, 창조성입니다. 결국 융합교육은 기존의 지식정보를 자기만의 방식으로 연결하여 실용적인 아이디어, 제품, 작품으로 재창조해내는 것을 목표로 한다고 볼 수 있습니다.

이제는 지식정보를 습득하고 암기해서 소유하는 것이 공부가 아닙니다. 인터넷에서 매일 초 단위로 쏟아내는 지식정보를 연결하고 재조합하고 때로는 해체해서 자신만의 관점을 가지고 재구성해내는 것이 공부입니다. 이것이 바로 21세기의 경쟁력인 창의성을 기르는 방법입니다. 이런 능력은 타고날까요? 아닙니다. 훈련으로 얼마든지 기를 수 있습니다.

입체적인 사고가 필요한 세상

　　독서 역시 사회 변화에 발맞춰 진화하고 있습니다. 그동안의 독서는 창작, 전래, 명작 등 하나의 영역을 선정해서 읽는 것이었습니다. 그러나 오늘날은 사회 변화에 따라 영역별 독서보다는 주제별 독서에 초점을 맞추고 있습니다.

　　예를 들어 '동그라미'를 알려주기 위해 책을 읽는다고 합시다. 과거의 독서에서는 동그라미의 개념, 성질, 실생활의 적용 사례 등 동그라미를 수학적 측면에서만 접근했습니다. 그러나 주제별 독서에서는 '동그라미'를 특정 과목이 아닌 주제로 접근합니다. 주제로 접근하기 위해서는 연결성, 다양성, 확장성이 필요합니다. 동그라미와 요리, 동그라미와 자연, 동그라미와 생활, 동그라미와 예술 등 다양한 방면으로 연결하고 확장하는 거죠.

　　이런 방식으로 주제별 독서 훈련을 받은 아이는 어떤 사물이나 현상을 볼 때 겉모습만 보지 않습니다. 다시 말해, 동그라미를 수학의 도형으로만 인식하지 않는다는 것이죠. 자신의 삶과 동그라미를 결부시키고 그 속에서 또 다른 새로움을 창조해냅니다. 물론 한두 번의 훈련으로 이런 사고방식이 형성되지는 않습니다. 하나의 주제를 가지고 다양하게 확장하는 훈련을 지속적이고 반복적으로 할 때, 이런 생각의 습관이 자신도 모르게 자리 잡게 됩니다. 이런 습관이 정착되면 모든 사물이나 현상을 입체적으로 바라보고 연결하고 재창조합니다.

아이 눈앞에 종이컵 하나를 두고 그리고 싶은 대로 그려보라고 해보세요. 10명 중 8명은 자신에게 보이는 면만 그립니다. 나머지 두 명 중 한 명은 보이지 않는 뒷면이나 밑면을 그릴 것이고, 다른 한 명은 입체로 그려낼 것입니다.

여러분의 자녀를 어떤 아이로 기르고 싶은가요? 종이컵을 그릴 때 입체적으로 그리는 아이로 키우고 싶겠죠. 다양한 생각과 남다른 관점을 가진 아이가 더 창의적인 아이로 자란다는 것은 의심할 여지가 없으니까요.

주제별 독서는 '넛지' 스타일로

그럼 아이에게 주제별 독서를 어떻게 안내할 수 있을까요? 이제 세상이 바뀌어서 주제별 독서를 해야 한다고 명령할까요? 성적을 잘 받으려면 주제별 독서를 해야 한다고 강요할까요?

이때가 부모의 지혜가 필요한 순간인 듯합니다. '넛지 효과'를 이용하는 지혜 말입니다. '넛지 효과'는 리처드 탈러(Richard Thaler) 시카고 대학 교수와 카스 선스타인(Cass R. Sunstein) 하버드 대학 로스쿨 교수의 공저 《넛지(Nudge)》에서 소개된 이후 널리 알려지게 되었죠. '넛지'의 사전적 의미는 '팔꿈치로 쿡 찌르다, 주의를 환기시키다'

입니다. 말 그대로 지시나 강압 등의 직접 개입 대신 사람의 감성을 슬쩍 건드려 행동을 변화시키는 것을 말합니다.

사실 아이들을 양육하다 보면 어쩔 수 없이 지시하고 명령하고 강요하는 일이 벌어지게 마련입니다. 그러나 우리는 겪어봐서 알죠. 부모의 강압적인 지시나 명령을 받으면 자신도 모르는 사이 반항심만 싹튼다는 사실을요. 또한, 일시적인 해결은 될 수는 있으나 아이의 행동을 근본적으로 바꿀 수 없다는 사실을요.

특히, 독서는 부모의 지시나 명령으로는 원하는 목적을 달성할 수 없습니다. 아이에게 독서를 강요하면, 읽는 척만 할 뿐입니다. 그럼 아이를 주제별 독서로 안내할 수 있는 '넛지'는 무엇일까요?

첫째, 아이가 영아기를 벗어나 유아기로 진입하면 고집이 생기고, 어떤 것에 대해 호불호가 생기기 마련입니다. 대략 세 살 때쯤 되면 엄마는 아이가 고집부린다는 것을 느끼죠. 이때부터 아이의 개성과 기질을 세심하게 관찰하세요. 아이가 특별히 좋아하는 것이 있다면, 그것과 연관해서 주제별 독서를 시작해보세요. 무엇을 좋아한다는 것은 관심이 있다는 것이고, 관심은 호기심을 불러일으키니까요. 이때 아이가 좋아하는 분야와 관계된 다양한 영역의 책으로 환경을 조성해주는 것만으로도 넛지의 역할을 충분히 합니다.

둘째, 아이가 어떤 활동을 특히 잘하는지 살펴보세요. 누구나 강점과 소질이 있습니다. 어떤 것을 좋아하는 것과 소질은 같을 수도 있지만, 다를 수도 있죠. 아이가 큰 노력을 안 하는 데도 능숙하게 잘 하는 것이 있다면, 그것은 타고난 소질입니다. 그 소질과 관련된 책을 다양한 분야로 확장하여 읽게 도와주세요. 자신이 잘하는 것이 있으면, 더 잘하고 싶은 게 인간의 본능입니다. 소질 있는 분야는 조금만 노력해도 그 효과가 크므로 점점 잘하게 되는 선순환이 일어나죠. 간혹 아이의 부족한 면을 보충하고자 의도적으로 노력하는 부모가 있는데, 그보다는 슬며시 잘하는 것을 더 잘하게 하는 '넛지 양육'을 해보세요.

셋째, 아이가 한 가지 책만 계속 읽나요? 다른 책은 안 보고 한 가지 책만 읽어서 편독이 걱정되시나요? 걱정하지 마세요. 그 한 권이 주제별 독서의 시작이니까요. 아이가 같은 책을 반복해서 읽는 것은 그 주제나 내용이 기질에 잘 맞아서입니다. 그러므로 비슷한 주제의 책을 슬며시 갖추어주면, 아이는 자연스럽게 주제별 독서를 하게 됩니다. 주제는 동일하지만, 다양한 영역을 접하게 되므로 편독이 아니라 더욱 확장된 독서가 되는 것입니다.

주제별 독서는 창의성을 기르는 데 효과적인 독서입니다. 그러나 억지로 시킨다고 할 수 있는 것이 아닙니다. 자신의 개성과 기질, 관심사, 소질에 맞아야 효과를 거둘 수 있습니다.

따라서 부모는 아이의 기질과 개성, 관심사와 강점, 타고난 소질 등을 잘 관찰하고 파악해서 슬며시 환경을 제공해주어야 합니다. 그러면 아이는 자신과 잘 맞는 맞춤형 환경 속에서 자신의 강점을 맘껏 개발할 수 있습니다. 이제는 '강요형 부모'가 아닌, '넛지형 부모'가 돼 보면 어떨까요?

디지털
영상 읽기

　아날로그 시대에 태어난 기성세대는 디지털 도구를 편리하다고 생각하기도 하지만, 불안하다고 생각하기도 합니다. 디지털 도구가 발달될수록 세상의 정보를 실시간으로 공유하는 등 생활의 편리함이 늘어나지만, 과거에 없었던 다양한 위험에 노출되기도 합니다. 디지털 도구는 우리의 필수품이지만 잘못 사용할 경우 우리의 정신적, 육체적 건강을 해치는 도구이기도 합니다.

디지털 네이티브를 키우는 아날로그 부모

자녀에게도 마찬가지입니다. 부모가 바빠서 아이를 돌보기 힘들 때나 아이와 함께 외출할 때 스마트폰은 아이를 잠잠하게 하는 좋은 도구입니다. 그러나 혹시 자극적인 영상을 보지 않을까, 게임에 너무 빠지는 건 아닐까 하는 불안한 마음이 드는 것은 어쩔 수 없습니다.

이처럼 디지털 도구에 양가감정을 느끼는 기성세대는 자신은 디지털 도구의 편리함을 마음껏 누리면서도, 아이는 디지털 도구에서 떨어뜨리려 애를 씁니다.

부모의 입장에 충분히 공감하지만, 아이의 입장에서 보면 어떨까요? 디지털 시대에 태어나 개인용 컴퓨터, 휴대전화, 인터넷, VR, AR 등을 생활의 일부로 사용하는 요즘 아이들을 '디지털 네이티브'라 부릅니다. '디지털 네이티브'에게 디지털 도구는 공기처럼 자연스러운 것입니다.

그런데 아날로그 세대인 부모가 이를 받아들이지 못하고 강제로 개입해서 이래라저래라 한다면 아이들은 어떻게 생각할까요? 디지털 도구를 무조건 가리고 숨겨야 할까요? 아니면 디지털 세상이니 무조건 오픈시켜줘야 할까요? 머리가 아프겠지만, 어떤 게 현명한 선택일지 고민해봐야 합니다.

새롭게 떠오른 공부, 디지털 리터러시(literacy)

최근 미국에서는 새로운 교육정책을 발표했습니다. 미국 내 100대 사립 고등학교의 성적표에서 과목과 점수를 없애기로 한 것입니다. 대신 학생들은 개인 역량을 평가하는 '역량 중심 성적표'를 받게 됩니다. 복합적 의사소통, 리더십과 팀워크, 디지털·양적 리터러시, 세계적 시각, 적응력·진취성·모험 정신, 진실성과 윤리적 의사결정, 마음의 습관 등을 포함한 15개 항목이 바로 그것입니다. 이제 아이들에게 공부는 인간의 본질적인 역량과 태도를 길러내는 것이라 할 수 있습니다. 여기에서 우리가 주목하고자 하는 항목은 디지털·양적 리터러시입니다.

리터러시는 '읽고 이해하는 문해능력'이죠. 따라서 디지털 리터러시는 '디지털 매체의 읽기능력'을 말하는 것입니다. 세상은 디지털 버전의 아이들에게 기성세대와는 다른 역량을 요구하고 있는 것이죠.

디지털 리터러시에 대해 EU는 '21세기 성장 동력', 미국은 '21세기의 기술'이라 표현했습니다. 이것은 현재, 그리고 미래를 살아갈 우리 아이들이 갖추어야 할 필수 역량이라는 것을 반증하는 말이기도 합니다.

과거의 리터러시 능력은 인쇄물에 국한되어 있었습니다. 따라서 글을 읽고 깨우쳐 이해하는 능력이 개인의 경쟁력이었죠. 따라서 예전의 부모는 하루라도 빨리 아이에게 글을 가르치려 노력했던 것입니다. 하지만 디지털과 과학기술 혁명으로 4차 산업혁명을 맞이한 지금은 예전과 달리 디지털·미디어 리터러시 능력이 인간의 경쟁력으로 떠올랐습니다.

그런데 대한민국의 디지털 리터러시 교육 상황은 어떤가요? 우리나라는 인터넷 강국입니다. 특히, 인터넷 평균 속도는 세계 1위입니다. 그러나 아쉽게도 학교 내 디지털 접근성은 OECD 평균 이하이며, 디지털 기기에 대한 태도는 꼴찌 수준입니다.

인터넷 강국이며 코딩 교육 열풍이 불고 있는 우리나라가 어찌 된 일인가요? 현재 학교에서 진행하고 있는 디지털 교육은 인터넷 윤리 교육이 대부분을 차지하고 있습니다. 사이버 폭력, 개인정보 보호, 저작권 보호 등 디지털 도구의 활용적인 측면보다는 부정적인 측면에 대비하기 위한 교육이 대부분이죠. 따라서 우리나라 학교에서는 인터넷 사용금지, 스마트폰 소지 금지 등을 강조할 수밖에 없습니다. 디지털 콘텐츠를 적극적으로 활용하는 선진국의 교육과는 전혀 다른 양상이죠. 그렇다면 디지털 네이티브에게 진짜 필요한 디지털 교육은 과연 무엇일까요?

디지털 활용 능력과 시민의식

최근 2018년부터 정규과목으로 편성된다는 이유로 코딩 교육 열풍이 불고 있습니다. 그러나 코딩 기술을 주입하고 습득하는 데 초점을 맞춤으로써 또 다른 주입식 교육이 되고 있습니다.

사실 코딩 자체는 사람보다 컴퓨터가 훨씬 잘합니다. 그런데 왜 코딩 교육을 정규과목으로 편성하려는 걸까요? 그것은 코딩 교육을 통해 컴퓨터 언어를 이해하고 논리적 사고력과 문제해결능력을 키우기 위해서입니다. 그런데 코딩 기술을 가르치고 습득하는 데 초점을 맞추고 있으니 목표를 벗어나 있어도 한참 벗어나 있는 것이죠.

사실, 4차 산업혁명 시대를 사는 아이들이 갖추어야 하는 디지털 능력은 코딩 능력보다도 디지털 리터러시 능력입니다. 디지털 리터러시는 크게 디지털 활용 능력과 시민의식으로 나눌 수 있습니다.

먼저 디지털 활용 능력은 일방적이고 수동적인 소비자의 역할에서 쌍방향적이고 능동적인 생산자의 역할로 바뀌는 것을 말합니다.

그동안에는 인터넷 정보를 검색하고 무조건 받아들이기만 하는 일차원적인 소비자로 디지털을 이용했습니다. 그러나 이제는 비판적인 시각으로 정보의 옥석을 가려내 자신의 관점으로 재해석하는 능력이 필요합니다. 디지털 정보의 소비자에서 정보를 이용하여 새로운 콘텐츠를 생산해내는 크리에이터로 거듭나야 합니다. 지금 우리가 놓치고 있는 교육이 바로 이러한 디지털 활용 교육이 아닐까요?

두 번째는 디지털 시민의식입니다. 타인의 저작권, 초상권을 지켜주고 더불어 자신의 정보를 지킬 줄 아는 것입니다. 디지털 세상은 오프라인 세상과는 다릅니다. 서로 얼굴을 맞대고 소통하는 것은 아니지만, 그렇기 때문에 더 건강하게 관계 맺고, 소통하며, 사회 문제에도 적극적으로 참여하는 디지털 시민의식이 필요합니다. 타인에게 피해를 주지 않으려는 바른 인성을 가지고 자신의 노하우를 함께 공유하며 확장해나가려는 태도가 바로 디지털 시민의식입니다.

디지털 세상은 정보가 넘쳐나는 세상입니다. 그러므로 정보를 올바로 활용하는 역량을 길러내지 못한다면 디지털 세상을 사는 의미가 없습니다. 아이들을 디지털 도구의 부작용으로부터 보호하는 것도 중요하지만, 제대로 된 사용법과 조절능력을 키워주는 것이 더 중요하지 않을까요?

이제는 디지털 기기에 대한 노출이 옳다, 그르다 논할 때가 아니라고 봅니다. 우리는 이미 디지털 시대, 4차 산업혁명 시대를 맞이하고 있고, 새로운 기회는 바로 그 속에 있기 때문입니다.

그렇지만 디지털 매체를 또 다른 주입식 교육의 도구로 만들어서는 안 됩니다. 디지털 매체는 학습의 호기심을 불러일으켜 재미를 느끼게 해주는 새로운 도구가 돼야 합니다. 그래야 아이들이 창의성을 발휘할 수 있습니다.

부모의 역할은 디지털 매체를 무조건 거부하는 것이 아니라, 아직 가치관과 정체성이 형성되지 못한 아이가 분별력과 조절력을 가질 수 있도록 하는 데 있습니다. 스마트기기 사용에 대해 아이와 토론하고 아이 스스로 사용 규칙을 정할 기회를 줘보세요. 아이는 현명한 디지털 네이티브가 될 것입니다.

아이의 흥미를 부르는
독서 전략 7가지

아이들이 책을 읽게 하는 방법은 무엇일까요? 아쉽게도 그 방법은 딱 한 가지밖에 없습니다. 바로 재미 그 자체입니다. 아이들은 매우 단순합니다. 재미있으면 읽고 재미없으면 읽지 않습니다. 그러니 부모 또는 선생님의 강요에 의한 독서로는 진정한 책읽기가 일어나지 않고 지속적으로 읽는 아이로 키울 수도 없습니다.

무엇이든 성과를 내려면 내적 동기가 일어나야 합니다. 아이의 독서에서 내적 동기는 재미와 흥미입니다. 아이가 재미와 흥미를 느끼는 책을 발견한다면 읽지 말라고 해도 읽을 것입니다. 그러니 아이가 지속적으로 책을 읽고 있다면 이미 독서에 흥미가 생긴 것입니다.

따라서 부모는 아이의 독서가 진짜인지 가짜인지, 외적 동기로 읽는 것인지, 내적 동기로 읽는 것인지 잘 관찰할 필요가 있습니다. 그리고 아이에게 독서가 습관으로 자리 잡을 때까지 흥밋거리를 계속 제공해줘야 합니다.

핵심 포인트!

첫째,

아이의 관심사를 파악하여 책을 제공한다.

둘째,

엄마가 먼저 읽고 아이에게 책 소개를 한다. 이것은
영화의 예고편과 같은 역할을 한다.

셋째,

아이와 함께 서점이나 도서관을 정기적으로 방문한다.

넷째,

온 가족이 함께 읽는 시간을 마련한다.

다섯째,

아이만의 독서 공간을 마련해준다.

여섯째,

책을 읽고 난 후 그 내용에 대해 편안하게 대화를 나눈다.

일곱째,

책의 내용과 관련된 체험을 해본다.

PART 5

독서 혁명은
엄마로부터 시작된다

1. 창의융합형 인재로 가는 비결은 독서다

2. 독서를 빼 놓고 평생 공부를 말할 수 없다

3. 평생 독서가 평생 경쟁력이다

4. 엄마는 퍼스트 멘토! 최고의 독서 파트너!

독서는 지시와 강요로 이루어지는 일방적인 티칭(teaching)이 아닙니다. 책을 매개체로 아이의 잠재된 생각을 이끌어주는 코칭(coaching)입니다. 아이의 눈높이에 맞춰 상호작용하며 생각을 확장해주는 역할을 엄마보다 잘할 수 있는 사람은 없습니다.

01

창의융합형 인재로 가는
비결은 독서다

우리나라에서 '융합인재교육(STEAM교육)'은 2009개정교육 과정에서 시범학교를 통해 시작되었습니다. 현재는 2009개정교육이 수정 보완되어 '창의융합형 인재양성'이라는 목표를 가진 2015개정교육이 진행 중입니다.

그런데 과목별 분과 학습과 주입식·암기식 교육에 익숙한 부모세대에게 융합교육은 접근하기도, 받아들이기도 쉽지 않습니다. 그래서 교육정책이 어떻게 바뀌든 그동안 해왔던, 자신이 익숙한 교육 방법을 고수하는 부모가 많습니다. 부모는 여전히 아이가 얼마나 많은 양의 지식을 암기했는지, 문제집을 몇 권 풀었는지가 중요하다고 생각하는 것입니다.

주입식 세대 엄마가 진로·진학의 걸림돌이다?

그러나 과연 이런 공부가 아직도 통하는 세상인지 냉정히 바라봐야 합니다. 왜 교육부는 새로운 교육정책을 수시로 발표하고, 기업은 학력과 스펙을 요구하는 대신 블라인드 면접을 보고 있을까요?

우리 주변을 보세요. 스마트폰으로 세상과 소통하고, 무인 마켓에서 장을 보고, 음성으로 가전기기를 조작하고 있습니다. 자율주행차가 도로를 달리는 것도 머지않았고요. 이런 세상을 살고 있으면서 아이들에겐 1950년대와 별반 다를 게 없는 공부를 강요하고 있다니요.

우리는 이제 어떤 교육이 진짜 미래형 공부인지 깨달아야 합니다. 창의융합교육을 낯설다고 생각 말고 적극적으로 받아들여야 합니다. 내 아이를 위해서 말이죠.

최근 '주입식 세대 엄마가 진로·진학 걸림돌이다'라는 제목의 기사를 보았습니다. 세상이 바뀌고 공부가 바뀌었는데 이를 인지하지 못한 부모가 자신의 방식을 강요하여 결국 자녀 진로의 걸림돌이 되고 있다는 내용이었습니다.

주입과 암기, 정답이 공부의 모든 것이었던 시대에서는 성실·근면, 암기력, 문제풀이능력 등이 우등생의 조건이었습니다. 이때의 아이들은 입력하는 공부를 주로 했으며, 배경지식은 크게 중요하지 않았습니다. 반면에 탐구와 이해, 독창적인 생각과 의견을 중시하는 현시대는 자립과 주도성, 문제정의능력과 창의적인 문제해결능력 등이 우등생의 조건입니다. 또한 입력보다는 출력을 그리고 차별화된 배경지식을 중요하게 여깁니다. 이처럼 부모세대와 자녀세대의 공부는 천양지차입니다.

공부기술이 아니라 공부를 리드하는 힘

그렇다면 현재 우리나라 교육의 키워드인 '창의융합교육'의 본질은 무엇일까요? 부모는 잘 모르니 아이를 학원에 맡겨야 할까요? 공부를 기술 습득으로만 바라보는 부모세대에게 교육정책이 새로 바뀌면서 웃지 못할 해프닝이 일어나고 있습니다. 2015개정교육으로 초등학교에 컴퓨터 코딩교육이 의무화되기 시작했습니다. 그러자 불안하고 다급해진 일부 부모와 이에 편승한 사교육 관계자가 고액의 강습료를 받는 코딩 학원 열풍을 일으키고 있습니다.

코딩은 자기 생각을 컴퓨터 언어로 전환하는 것입니다. 그 과정을 통해 알고리즘을 설계하고, 논리적으로 사고하는 능력을 높이는 데 목표를 둔 것이 바로 코딩교육입니다. 그러므로 코딩교육에서 중요한 것은 독창적인 생각이지 누구나 배우면 할 수 있는 컴퓨터 기술이 아닙니다.

코딩교육의 방점은 '생각'에 찍혀 있는데 '기술'에 방점을 찍는 학원에 보내는 것은 방향이 한참 잘못된 것입니다. 이것은 창의융합교육의 본질에서 많이 벗어나 경쟁, 성적, 등수에만 집착하기 때문에 벌어지는 현상입니다. 창의융합교육은 공부 기술자를 양성하는 교육이 아닙니다.

앞으로 일방적이고 수동적이며 정형화된 기술자는 인공지능, 자동화로 대체될 확률이 높습니다. 아니, 100% 대체될 겁니다. 반면, 주도적이고 협력적이며 불특정하고 독창적인 것은 대체 불가능합니다. 이런 대체 불가능한 역량을 길러내는 교육이 바로 창의융합교육입니다. 다시 말해 인간 고유의 영역을 기르고 강화하는 교육이 창의융합교육인 것입니다.

오픈된 소스를 이용하여 지식을 적극적으로 탐색하는 능력, 찾아낸 지식·정보를 자기만의 방식으로 재구성하는 편집력, 그리고 그것을 살아있는 아이디어로 가공하는 창조적 실천력이 바로 세상에서 요구하는 역량입니다.

생각해 보세요. 이것은 수동적인 공부로는 길러낼 수 없는 역량입니다. 그러므로 학교 성적이 좋다고 해서 세상이 요구하는 능력이 갖춰졌다고 생각해서는 안 됩니다.

이것은 방대한 지식·정보를 자신만의 방법으로 다룰 때 생기는 역량입니다. 따라서 이런 능력을 발휘하며 살기 위해서는 현재의 성적만을 추구하는 공부가 아니라 평생 공부를 할 수 있는 능력을 키워야 합니다. 다시 말해, 우리 아이가 끊임없이 변하는 세상을 받아들이고, 적응하고, 세상에 필요한 인재가 되도록 하기 위해서는 단순 암기력보다는 평생 공부를 가능하게 하는 공부그릇을 키워야 합니다.

7가지 공부그릇과 독서

다양한 콘텐츠와 텍스트를 읽고 이해하는 힘, 그것의 타당성을 따지는 비판적인 사고력, 복잡한 인간관계 속에서 자신을 조절할 수 있는 정서조절력, 인생의 주인으로 살기 위한 자율성, 자신이 진짜 좋아하고 잘하는 것에 대한 몰입, 문제의 본질을 들여다보는 문제정의능력과 이를 해결하는 문제해결능력, 타인과 협업하고 공유·소통할 수 있는 표출능력이 바로 지금 우리 아이가 갖추어야 할 7가지 공부그릇입니다.

이 공부그릇은 참고서와 문제집으로는 키울 수 없습니다. 독서를 통해서만 가능합니다. 읽을수록 길러지는 소프트 역량이기 때문입니다. 따라서 학교와 가정에서 독서의 본질과 중요성을 이해하고 제대로 읽는 아이로 양육할 수 있다면, 그 역할을 다한 것이라 볼 수 있습니다.

창의융합교육은 성적보다 공부그릇을 키워내는 공부입니다. 우리나라 교육은 진화의 과도기에 놓여있다고 볼 수 있습니다. 현재 우리 교육의 현실에 대해 "19세기 교실에서 20세기 교사가 21세기 아이들을 교육하고 있다."고 말하는 분들도 있습니다. 한마디로 균형이 깨져 덜그럭 거리고 있다는 것이죠. 그렇지만 그 속에서도 진짜 교육을 받는 아이들이 있습니다. 바로 자신만의 교육 철학을 가진 부모와 동행하는 아이들이 그렇습니다.

어려서 독서를 안 해본 아이는 없습니다. 그러나 학년이 올라갈수록 지속해서 읽는 아이는 많지 않습니다. 부모가 교육의 비중과 우선순위를 성적에 두기 때문입니다. 부모가 성적을 중요하게 여겨 주입식 공부를 선택하면 아이는 독서할 시간과 에너지를 갖지 못합니다. 부모가 성적에 집착하면 아이가 융합사회가 요구하는 창의융합형 인재로 크는 것이 불가능해집니다.

02

독서를 빼놓고
평생 공부를 말할 수 없다

학력이 경쟁력이었던 세상에서 공부하고 성장한 부모가 자녀의 공부에 열정을 쏟는 것은 당연한 일입니다. 하지만 열정보다 중요한 것은 공부의 본질이 무엇인지 정확히 아는 것입니다.

우리는 태어나서 20년 이상을 다른 일을 하지 않고 '공부'만 하며 살아갑니다. 평생 공부하는 시대지만, 일정 시기 이후에는 대부분 직업과 공부를 병행하게 되죠. 다른 일을 하지 않고 공부만 하는 시기는 본격적인 사회생활을 준비하기 위해 자신의 역량을 끌어올리는 시기입니다. 따라서 시대에 맞는 공부의 기준은 지금이 아니라 아이들이 가정과 학교의 그늘에서 벗어나 자신만의 경쟁력을 갖고 살게 될 10년 후, 20년 후의 세상에 두어야 합니다.

우리가 공부를 이야기할 때 세상을 빼놓고 말할 수는 없습니다. 아이가 살아가야 할 세상에 필요한 공부가 무엇인지 미리 알아차리는 것은 부모의 역할입니다. 아이는 아직 세상을 보는 눈이 발달하지 않았기 때문입니다.

공부는 텍스트를 읽고 이해하는 것

이제 공부의 목적이 시험 점수를 잘 받기 위함이 아니라는 것을 이해하셨을 겁니다. 자, 그럼 공부란 무엇일까요? 그리고 공부의 도구는 무엇일까요? 공부의 도구는 모두 텍스트로 이루어져 있습니다. 결국 공부는 텍스트를 읽는 힘, 그것을 이해하고 사고하여 문제를 해결하는 힘을 기르는 것입니다. 나아가 자신이 텍스트를 창조해낼 힘을 만드는 것입니다.

부모세대에 텍스트는 책과 같은 인쇄물이 다였습니다. 그러나 과학기술이 점점 발달함에 따라 디지털 매체도 텍스트의 한 부분으로 자리 잡았습니다. 따라서 디지털 텍스트 읽기의 중요성도 간과할 수 없습니다.

디지털 시대를 사는 아이들에게 공부란 인쇄물을 포함하여 디지털 영상, 그림, 사진 등 다양한 매체의 텍스트를 읽고 이해하는 것이라 할 수 있습니다. 물론, 주로 다루는 텍스트는 책입니다. 따라서 책을 읽고 이해하는 능력이 다른 매체를 이해하는 데까지 영향을 미칩니다. 독서가 학령기 공부의 전부는 아니지만, 독서를 빼놓고 공부를 잘할 수는 없음을 알아야 합니다.

독서가 공부에 미치는 세 가지 영향력

책을 읽으면 발달하는 능력에 대해 잘 알고 계실 겁니다. 첫째, 아는 단어가 많이 늘어나 어휘 수준이 높아지죠. 이것은 아이의 사고 및 정서발달에 큰 영향을 미칩니다. 책을 읽지 않아도 성장함에 따라 구사할 수 있는 어휘의 양은 늘어나지만, 그것은 일상적인 어휘에 불과합니다. 고급스럽고 정제된 어휘는 독서를 통해서만 얻을 수 있습니다. 이것이 바로 아이의 어휘 수준이죠.

어휘 수준이 높아질수록 아이의 이해력과 사고력은 높아지고, 대인관계에 있어 의사소통과 공감능력이 발달합니다. 어휘 역량의 차이는 시간이 갈수록 공부력의 차이로 벌어지고, 이는 사회생활의 수준 차이로 이어집니다.

신경 생리학자이자 언어학자인 와일더 펜필드(Wilder Penfield)는 "아동기는 생애 중에서 어휘 습득이 가장 왕성한 시기이다. 이때 습득된 어휘는 성인이 되어서 원활한 독서와 청취는 물론이고, 생각과 의사를 글로 쓰고 말로 표현하는 데 사용된다. 언어 습득은 아동기 이후에는 생물학적 제약을 받아 둔화된다. 따라서 어휘량이 풍부하고 좋은 어휘를 사용하는 어린이를 만들기 위해서는 아동기 독서가 결정적 역할을 한다."고 했습니다.

둘째, 배경지식이 풍요로워집니다. 독서는 시공간의 한계가 있는 인간에게 그 한계를 넘는 다양한 체험을 하도록 도와줍니다. 책은 이야기 속의 다양한 인물, 장소, 사건 등을 통해 자신이 경험해보지 못한, 또는 경험할 수 없는 일을 직접 체험한 것과 같은 효과를 줍니다.

우리는 무엇을 이해할 때 기본적으로 이전에 가지고 있던 사전지식을 바탕으로 새로운 것을 이해하려고 합니다. 따라서 배경지식이 풍부한 사람은 새로운 지식을 습득할 때, 그렇지 못한 사람보다 훨씬 유리한 고지를 차지합니다. 수업시간에 동일한 교사로부터 같은 내용을 배워도 받아들이는 수위가 천차만별인 이유 중 하나가 바로 배경지식의 차이입니다.

말귀를 잘 알아듣는 아이는 독서를 통해 갖춘 배경지식이 풍부한 아이입니다. 그런데 배경지식에는 빈익빈 부익부의 원리가 작동합니다. 배경지식이 많은 아이는 그것을 바탕으로 또 다른 지식을 쉽게 습득하여 갈수록 지식이 풍요로워지지만, 배경지식이 부족한 아이는 새로운 지식을 받아들이기 힘들기 때문에 점점 더 빈곤해질 수밖에 없습니다. 이쯤 되면 공부의 우선순위를 어디에 둬야 할지 분명해지지 않나요.

셋째, 말하기와 글쓰기의 표출능력이 길러집니다. 창의융합시대의 공부는 입력만 하는 공부가 아니죠. 입력한 것을 자신의 의견으로 출력하지 못하면 반쪽짜리 공부에 불과합니다. 말하기와 글쓰기가 갈수록 중요한 능력으로 부각되고 있는 세상에서 독서는 최고의 선생님입니다.

독서를 하면 할수록 앞에서 말한 어휘력과 배경지식이 풍부해지니 말하기와 글쓰기의 기본 재료가 풍성해집니다. 요리의 생명이 재료에 있듯이, 좋은 재료 없이 말하거나 글쓰기의 기술만 가르치면 로봇보다 나을 게 없습니다.

하지만 독서가 재료만 주는 것은 아닙니다. 독서를 통해 말하기와 글쓰기의 기술도 터득할 수 있습니다. 저자는 자신이 말하고자 하는 바를 자신만의 방식으로 표현하고 전달합니다. 책을 읽는다는 것은 그 내용뿐 아니라 저자의 말하기나 글쓰기 방식도 함께 배우는 것입니다. 창조는 모방의 어머니라고 했죠. 말하기나 글쓰기 능력은 독서를 통해 저자를 모방하며 자신만의 것으로 재탄생합니다.

독서를 꾸준히 한 아이와 게을리 한 아이 중, 누가 서술형·논술형 시험에서 우위를 차지할지, 누가 사회에 나가 프레젠테이션에 능한 인재가 될지는 불 보듯 뻔합니다.

독서가 주는 자기효능감

    독서의 기능 중 학령기 학습과 관련된 것을 세 가지 살펴봤습니다. 이외에도 독서로부터 얻을 수 있는 장점은 여러 가지가 있습니다. 이런 독서의 장점을 생각할 때, 공부를 잘하도록 하기 위해 독서 시간을 줄이고 문제 풀이 시간을 늘리는 것은 이해하기 어렵습니다. 어느 부모든 아이가 경쟁에서 이기길 원합니다. 그렇다면 경쟁력을 길러줘야 합니다. 하지만 눈앞의 나무만 보다가 숲을 보지 못하는 실수를 해서는 안 됩니다. 나무는 숲과 조화를 이룰 때 그 가치가 빛납니다. 당장의 성적을 목표로 공부하는 것은 숲은 보지 못한 채 나무만 보는 것과 같습니다.

    공부의 본질은 다양한 텍스트를 다룰 힘을 길러내는 것입니다. 그 힘은 세상을 읽고 이해하는 통찰력의 바탕이 됩니다. 독서로 얻은 어휘력, 배경지식, 표출능력 등은 텍스트를 읽고 이해해서 자신의 것으로 재창조하게 하는 원동력입니다.

    그 원동력은 교과서를 읽을 때, 수업시간에 교사의 말을 들을 때, 서술·논술형 시험을 치를 때 자기효능감을 느끼게 합니다. 자기효능감이란 자신이 어떤 일을 성공적으로 수행할 능력이 있다고 믿는 기대와 신념입니다. 어떤 일을 수행할 때 자신을 믿는 기대와 신념은 지금은 부족하더라도 포기하지 않게 합니다. 자신의 부족한 부분을 알아차리고 채우는 방법을 독서를 통해 배웠기 때문입니다.

03

평생 독서가
평생 경쟁력이다

 2016년, 세계경제포럼에서는 현재 초등학교에 입학하는 아이의 65%는 현존하지 않는 새로운 직업에 종사하게 될 것으로 예측했습니다. 또 2020년까지 4차 산업혁명으로 인해 710만 개의 일자리가 소멸하고 신종직업 210만 개가 탄생하리라 전망했습니다.

 그런데도 부모는 아이가 의사, 변호사, 회계사와 같은 직업을 가지길 바라고 있습니다. 이런 직업이 미래에도 존속할지 아닐지 모르면서 말입니다. 영국 옥스퍼드 대학교 인터넷연구소에서 자문을 맡은 리처드 서스킨드(Richard Susskind)는 의사, 변호사, 회계사와 같은 기존의 전문직이 인공지능에 의해 사실상 대체되리라 예측했습니다.

아이들에게 앞으로 사라질지도 모를 직업을 준비시키는 게 무슨 의미가 있을까요? 또한, 수백만 개의 신종직업이 생긴다고 할지라도 아이가 전혀 준비가 안 돼 있으면 무슨 소용이 있을까요?

사람의 마음을 아는 것이 평생 경쟁력

요즘 다양한 분야에서 인문학에 대한 관심이 뜨겁습니다. 4차 산업혁명 시대에 인문학의 열기가 뜨거운 이유는 무엇일까요? 과학이 발달할수록, 기술이 인간의 영역을 침범할수록, 인간의 경쟁력은 인간다움에서 찾아야 하기 때문이죠.

우리는 앞에서 애플의 아이폰에 대해 잠시 논했습니다. 세계 시장의 절반 이상을 차지하는 애플의 경쟁력이 기술이 아니라 디자인이라는 점을 기억하시죠? 디자인은 무엇인가요? 바로 사람의 흥미와 관심을 끄는 시각적 요소입니다. 애플은 우리의 관심사가 기능보다는 아름다움에 있음을 잘 보여주고 있습니다. 이 때문에 스티브 잡스(Steve Jobs)가 과학기술과 인문학의 융합을 그토록 강조했던 것입니다.

사람의 마음을 이해한다는 것은 단순한 문제가 아닙니다. 사람만큼 복잡한 동물이 또 있을까요? 그래서 인간과 인간세계를 이해하는 것은 남다른 통찰력을 요구합니다. 이 세상에는 깊은 통찰력으로 인간의 마음을 읽고 이해함으로써 세계 역사를 바꾼 인물이 많습니다. 몇몇 사례를 통해 이런 경쟁력이 어디서 나온 것인지 살펴보고자 합니다.

세계를 잇는 페이스북의 경쟁력

마크 저커버그(Mark Zuckerberg)는 대표적인 융합형 인재 중 한 명입니다. 그는 전 세계를 하나로 이어준 페이스북의 창시자입니다. 2017년 6월 기준으로 페이스북 가입자 수는 20억 명을 돌파했습니다. 그는 어떻게 전 세계 사람을 하나로 이어주는 플랫폼을 개발할 수 있었을까요? 그는 어떻게 사람들의 필요를 먼저 알아차리고 그것을 제공해주었을까요?

페이스북은 인간의 본능적 욕구인 소통 욕구를 채워준 대표적인 도구입니다. 사회적 동물인 인간은 혼자서 살아갈 수 없습니다. 즉, 다른 사람과 어울려 살아야 하는데 그러기 위해서는 소통을 잘해야 합니다. 페이스북은 인간의 그러한 소통 욕구를 손쉬운 방법으로 충실히 채워주었기 때문에 급성장한 것입니다.

마크 저커버그가 인간의 내면을 들여다볼 수 있는 통찰력을 키울 수 있었던 것은 정신과 의사였던 어머니 덕분입니다. 그의 어머니는 저커버그가 어릴 때부터 역사, 예술, 논리학 등 폭넓은 분야의 책을 접하게 했고, 고대 그리스 신화, 르네상스 시대의 미술과 음악, 그리고 시와 소설도 많이 접하도록 했습니다. 또 시간이 날 때마다 함께 박물관과 미술관을 방문해 인문학적 소양을 쌓도록 했습니다.

이처럼 어려서부터 쌓은 다양한 분야의 독서와 인문학적 체험이 하버드 대학에서 과학과 함께 심리학을 전공하게 된 계기가 되었고, 자신만의 인문학적 통찰력과 IT 기술을 결합함으로써 페이스북을 만들어낸 것입니다.

세종과 이순신의 리더십

우리나라에도 일찍이 사람의 마음을 읽고 이해했던 남다른 인물이 많습니다. 그중 오랜 시간 동안 우리에게 변치 않는 사랑을 받는 인물이 바로 세종대왕과 이순신 장군 아닐까요? 그들의 성품과 위업에 대해서는 여기서 굳이 설명하지 않아도 잘 알 것입니다. 그럼 두 위인은 어떻게 그런 성품과 위업을 달성하여 우리 기억에 오래도록 머물게 된 것일까요? 시공을 초월한 이들의 리더십은 어디에서 비롯된 것일까요?

두 위인의 공통점은 독서광이라는 것입니다. 세종은 어려서부터 책 읽기를 즐겨 아버지 태종의 칭찬과 걱정을 함께 들었다고 합니다.

즉위한 이후에도 항상 손에 책을 들고 읽으면서 부지런히 공부하는 수불석권(手不釋券)을 실천하는 왕이었다고 합니다. 특히 바른 정치를 위해 역사책은 30번 이상 반복 독서하여 교훈으로 삼았다고 합니다.

이순신 장군 역시 책을 사랑한 장수로 알려져 있습니다. 스물두 살에 문과에서 무과로 인생행로를 바꾸기 전부터 사서삼경과 소학을 읽었고 병법서, 역사책, 시집, 소설책 등 다양한 독서를 했습니다. 독서는 전쟁 중에도 그칠 수 없는 일상이었고, 결국 난중일기로까지 이어지게 됩니다.

두 위인의 사람을 진심으로 대하고 사랑하는 리더십의 비결은 바로 독서였습니다. 그것은 단순한 독서가 아니라 다양한 분야를 아우르는 독서, 자기 일과 관련된 전문적인 독서, 현실에 적용하는 실용독서였습니다.

〈오프라 윈프리 쇼〉의 경쟁력

미국 역사상 가장 성공한 여성 중 한 명으로 오프라 윈프리를 꼽습니다. 그녀는 미국에서 가장 부유한 흑인으로도 알려져 있죠. 그녀가 진행했던 토크쇼인 〈오프라 윈프리 쇼〉는 무려 25년 동안 140여 나라에 방송되었습니다. 미국에서는 무려 4,600만 명이 시청하는 전설적인 토크쇼였습니다.

<오프라 윈프리 쇼>가 오랜 세월 많은 사람의 사랑을 받은 비결은 무엇일까요? 많은 사람이 오프라 윈프리만의 독특한 화술을 꼽습니다. 그럼 그녀만의 독특한 화술이란 무엇일까요? 그것은 말하는 기술만을 뜻하는 것이 아닙니다. 그녀는 매번 초대 손님의 성격을 파악하고, 관련 자료를 수집하여 읽고, 대화의 주제와 관련된 사건이나 쟁점 사안에 대해 철저히 검토하고 토크 쇼를 진행했다고 합니다. 또한 프로그램을 진행하는 스태프, 그리고 방청객에게까지 신경썼다고 합니다. <오프라 윈프리 쇼>의 성공 요인은 사람의 본질을 제대로 알고 이해한 그녀만의 뛰어난 공감능력과 소통능력이었던 것이죠.

오프라 윈프리의 이런 능력은 타고난 능력이었을까요? 그녀는 빈민가에서 미혼모의 아이로 태어나 누구보다 불행한 어린 시절을 보냈습니다. 그녀는 9살에 성폭행당하고, 14살에 미혼모가 되었습니다. 게다가 그녀가 낳은 아들이 2주 만에 죽는 그야말로 상상을 초월하는 고통을 겪었습니다.

그런 불우한 삶을 희망으로 바꿔준 것은 다름 아닌 독서였다고 그녀는 고백했습니다. 어린 시절 불우한 환경을 넘어 다른 세계를 꿈꿀 수 있도록 도와준 것이 바로 책이었던 것이죠.

그녀는 독서를 통해 사람을 이해하고, 관계 맺고, 소통하는 법을 배웠습니다. 그녀는 자신이 독서를 통해 불우한 환경을 극복했듯이, 다른 사람에게도 삶의 희망을 찾아주고 싶다는 생각을 했습니다. 그렇게 탄생한 것이 '오프라 윈프리 북클럽'입니다. 사람들은 자신의 인생을 바꾼 것이 바로 책이었다고 말하는 그녀를 통해 독서의 중요성을 깨닫게 되었습니다.

분야를 막론하고 사람의 내면을 알고 이해하는 것이 경쟁력인 세상이 되었습니다. 상품을 기획할 때, 디자인할 때, 마케팅할 때 등등, 모든 행위는 사람과 밀접한 관계가 있습니다. 그러므로 사람의 본질을 올바로 이해할 때 남다른 관점과 경쟁력을 갖게 됩니다.

사람을 더 깊이 알고 이해하여 세상에 영향을 끼친 사람은 모두 지독한 독서광이었습니다. 그들은 어떤 순간에도 책을 놓지 않았습니다. 그들은 평생 독서로 자신의 경쟁력을 키웠습니다. 세상이 아무리 변한다고 하더라도 이것만큼은 변하지 않을 것입니다.

04

엄마는 퍼스트 멘토!
최고의 독서 파트너!

극단적이긴 하지만, 어른은 책을 읽는 어른과 그렇지 않는 어른으로 나눌 수 있습니다. 왜 이런 말을 하는가 하면, 아이의 독서습관은 어른의 영향, 즉 부모의 영향을 받기 때문입니다. 독서를 좋아하는 부모의 아이는 독서를 좋아하고, 독서를 싫어하는 부모의 아이는 독서를 싫어하는 것이 당연한 이치입니다.

독서의 중요성을 아무리 강조해도 어릴 때는 그 차이가 별로 나지 않기 때문에 실감을 못하는 부모가 많습니다. 그러나 꾸준히 책을 읽는 아이와 그렇지 않은 아이의 틈은 점점 벌어지게 돼 있습니다. 어휘량과 언어 수준이 달라지고, 그에 따라 이해력과 사고력도 점점 차이가 벌어집니다.

　개인의 경험은 자신을 포함하여 이 세상을 받아들이고 이해하는 도구입니다. 그러므로 직·간접적인 경험의 차이가 인생의 질을 좌우하기도 합니다. 독서는 인생을 풍요롭게 합니다. 그리고 인생의 풍요를 맛본 사람은 계속 책을 읽게 됩니다. 자발적으로 하는 독서이기 때문에 평생 독서로 이어집니다.

　한 때, 독서가 누군가의 취미 생활인 적도 있었습니다. 그러나 지금은 독서를 취미로만 즐겨서는 안 되는 시대입니다. 독서는 그 무엇도 확실하지 않은 오늘날을 살아가는 사람들의 나침반 같은 역할을 합니다. 엄밀히 말해 생존 수단입니다.

　이처럼 독서의 본질을 꿰뚫은 사람은 독서가 얼마나 중요한지 깨닫고 이미 실천하고 있을 겁니다. 그리고 이를 아는 부모라면 자신이 먼저 독서를 실천하고 아이에게도 독서를 권할 것입니다. 여러분은 어떤 부모이신가요?

엄마는 퍼스트 멘토이자 영원한 멘토!

　인간은 생각보다 나약한 존재입니다. 대부분 동물은 태어난 지 얼마 안 있어 걸어 다니지만, 인간은 아장아장 걷기까지 최소 10개월에서 1년 이상 걸립니다. 게다가 부모에게 의존하여 생활하는 기간도 그 어떤 동물보다 깁니다. 그 기간을 잘 보내야 비로소 사회에서 한 사람 몫을 하게 됩니다. 다시 말해, 부모와 자신을 둘러싼 환경 속에서 가치관과 정체성, 외적·내적 역량, 정서발달 등을 잘 준비해야 사회에서 살아갈 수 있습니다.

특히, 뇌 신경세포가 연결되는 생후 10여 년은 그 무엇과도 바꿀 수 없는 소중한 시기입니다. 그리고 이때 부모와 환경의 영향을 가장 많이 받습니다. 지금 여러분의 외면과 내면을 들여다보세요. 그 어느 것 하나 부모로부터 영향을 받지 않은 것이 없을 것입니다. 그래서 아이는 부모의 거울이라는 거겠죠.

따라서 어떤 가치관과 철학을 가진 부모에게 태어나느냐에 따라 아이의 인생이 달라집니다. 아이가 부모를 선택할 수는 없으니 부모가 자신의 역할에 대해 좀 더 신중해져야 합니다. 특히, 엄마는 자녀의 퍼스트 멘토입니다. 아이가 태어나 가장 신뢰하고 의지할 수밖에 없는 대체 불가능한 존재입니다.

사람은 태어남과 동시에 배우기 시작합니다. 긴 시간 함께하는 엄마로부터 말입니다. 엄마는 아이에게 많은 영향을 끼치는 퍼스트 멘토이자, 생애 전체에 영향을 미치는 영원한 멘토입니다. 우리는 이 점을 잊지 말아야 합니다.

엄마는 최고의 독서 파트너!

독서가로 키우는 것도 마찬가지입니다. 엄마와 함께 책을 읽는 것으로부터 아이의 독서는 시작됩니다.《책 읽는 뇌》의 저자 매리언 울프(Maryanne Wolf)는 독서에 관한 연구를 통해 생후 5세 이전까지 부모의 책 읽어주기가 그 이후의 독서습관에 영향을 미친다고 밝혔습니다.

그런데 변화된 세상에서 독서를 경쟁력으로 삼기 위해서는 단순한 줄거리 읽기로는 부족합니다. 2015개정교육의 세부 실천사항 중 하나는 초·중·고 시기 매 학기 한 권의 책 읽기입니다. 이것은 양적 독서보다 질적 독서가 중요함을 의미합니다.

글의 내용파악을 넘어 행간 읽기를 통해 저자의 숨은 의도를 찾아내고, 그것과 자기 생각을 결합하여 창조적인 읽기까지 요구하고 있는 것이죠. 이런 독서를 위해서는 독서 파트너가 필요합니다. 아이 혼자 책을 읽으며 자기 생각을 확장하기는 힘들기 때문입니다. 그렇다면 누군가가 생각의 물꼬를 터주고 자극을 줘야 하는데 누가 그 역할을 해야 할까요? 바로 엄마입니다.

엄마는 아이의 훌륭한 독서 파트너입니다. 아이의 생각을 이끌어주는 질문을 하고, 아이의 말을 진지하게 들어주며 대화를 주고받는 엄마는 아이의 코치이자 헬퍼, 또는 매니저입니다.

독서는 지시와 강요로 이루어지는 일방적인 티칭(teaching)이 아닙니다. 책을 매개체로 아이의 잠재된 생각을 이끌어주는 코칭 (coaching)입니다. 아이의 눈높이에 맞춰 상호작용하며 생각을 확장 해주는 역할을 엄마보다 잘할 수 있는 사람은 없습니다.

부모와 자식은 평생 최고의 파트너

우리는 비록 주입식 교육을 받은 세대이지만, 이제 바뀐 세 상을 받아들이고, 평생 배움을 추구해야 하는 아이들을 위한 교육을 실천해야 합니다. 에노모토 히데다케는 《마법의 코칭》에서 세상의 변화가 인간관계의 변화를 일으켰다고 말합니다. 상사와 부하 관계 에서 파트너 관계로, 지배적이고 종속적인 관계에서 협동적인 관계 로 말입니다.

부모와 자식의 관계 역시 인간관계입니다. 따라서 부모와 자식의 관계도 수직적인 관계에서 수평적인 관계로 변화하고 있음을 깨달아 야 합니다. 그는 이런 진화된 인간관계에서 일방적인 지시와 강요는 더 이상 통하지 않으며, 서로를 서포트해주는 상호협력적인 관계만 이 서로의 행복을 증진하고 자아실현을 도울 수 있다고 말합니다. 그 러면서 여기에는 세 가지 코칭 철학이 필요함을 강조합니다.

첫째, 모든 인간은 무한한 가능성이 있다.

둘째, 그 사람에게 필요한 해답은 모두 그 사람 내부에 있다.

셋째, 해답을 찾기 위해서는 파트너가 필요하다.

아이는 부모를 통해 세상을 알고 배움을 시작합니다. 아이만 그럴까요? 부모 역시 아이를 양육하며 그동안 경험하지 못했던 새로운 세상을 알게 됩니다. 또 다른 배움이 시작되는 것이죠.

부모와 아이는 상호 협력하는 인생의 파트너입니다. 이런 마인드는 부모가 먼저 가져야 합니다. 그러면 아이에게 자연스럽게 옮겨지게 됩니다. 내 아이를 종속관계가 아니라 인생의 파트너로 바라본다면 평생 좋은 관계를 유지하지 않을까요? 또한, 이런 관계를 맺은 아이는 평생 뛰어난 경쟁력을 발휘하며 살지 않을까요?

평생 독서가로 키우기 위해
엄마가 꼭 해야 할 일 5가지

아이가 제대로 된 독서의 세계로 들어가려면 반드시 좋은 독서 파트너가 있어야 합니다. 책을 읽고 난 후 생각과 느낌을 나누고 이끌어줄 코치가 필요한 것이죠. 이를 통해서 아이는 자신의 생각을 확장하고, 적용하고, 나아가 재창조합니다. 이 역할을 누가 가장 잘 할 수 있을까요? 바로 엄마입니다. 아이의 독서에서 엄마의 역할은 매우 중요합니다.

엄마가 독서에 대해 어떤 생각을 가지고 있느냐에 따라 아이의 독서는 달라집니다. 그러므로 먼저 엄마가 독서 철학을 분명히 해야 합니다. 타인에 의해 이리저리 흔들리는 갈대 같은 철학이 아니라 자녀를 중심에 놓고 흔들리지 않는 자신만의 독서 철학이 필요합니다. 그래야 아이가 평생 독서가로 성장할 수 있습니다.

핵심 포인트!

첫째,
엄마가 책을 좋아해야 아이가 책을 즐길 수 있다.

둘째,
아이에게 책을 읽어주는 것은 끼니마다 밥을 챙겨주는 것과 같다.

셋째,
아이의 생각을 키우는 질문을 연구하라.

넷째,
지시와 명령 대신 아이와 친구처럼 대화하라.

다섯째,
동네 가게 가듯이 아이와 수시로 서점에 가라.

참고문헌

《융합인재교육은 성적보다 공부그릇》, 조미상, 더메이커

《융합을 알아야 자녀공부법이 보인다》, 조미상, 더메이커

《책 읽는 뇌》, 매리언 울프, 살림

《리딩으로 리드하라》, 이지성, 차이정원

《초등고전혁명》, 송재환, 글담

《책을 읽는 사람만이 손에 넣는 것》, 후지하라 가즈히로, 비즈니스북스

《죽을 때까지 책읽기》, 니와 우이치로, 소소의책

《하루 15분 책읽기의 힘》, 짐 트렐리즈, 북라인

《교과서 읽기의 힘》, 고갑주, 살림

《어린이 책 읽는 법》, 김소영, 유유

《책 먹는 법》, 김이경, 유유

《공부머리 독서법》, 최승필, 책구루

《현명한 엄마의 생각수업》, 토비타 모토이, 오리진하우스

《독서의 기술》, 모티머 J. 애들러, 범우사

《천천히 깊게 읽는 즐거움》, 이토 우지다카, 21세기북스

《성공한 사람들의 독서습관》, 시미즈 가쓰요시, 나무한그루

《그림책의 그림읽기》, 현은자 외, 마루벌

《미국의 리터러시 코칭》, 양병현, 대교출판

《어떻게 읽을 것인가》, 고영성, 스마트북스

《부하의 능력을 열두 배 키워주는 마법의 코칭》, 에노모토 히데다케, 새로운 제안

《관점을 디자인하라》, 박용후, 프롬북스

《새로운 미래가 온다》, 다니엘 핑크, 한국경제신문

《쿠슐라와 그림책 이야기》, 도로시 버틀러, 보림

《초등 독서의 모든 것》, 심영면, 꿈결

《하루 30분 혼자 읽기의 힘》, 낸시 앳웰, 북라인

《공부하는 기계들이 온다》, 박순서, 북스톤

《명견만리》, KBS 명견만리 제작팀, 인플루엔셜

《김대식의 인간 VS 기계》, 김대식, 동아시아

《넛지》, 리처드 탈러, 캐스 선스타인, 리더스북

《마인드 셋》, 캐롤 드웩, 스몰빅라이프

<오프라 윈프리 북클럽 20주년>, 은행나무출판, N포스트

<오프라 윈프리 이야기>, 움서, 네이버 blog

<세종과 이순신의 진정 리더십>, 동아 비즈니스, N포스트

<위인을 만든 교육법-마크 저커버그 편>, 윤선생, 윤선생 공식 블로그

<가짜뉴스, 인간의 비판적 사고로 길러내야>, 신무경·황규락 기자, 동아일보,
2018.5.16.

<역사를 알아야 하는 이유 '역사는 반복된다'>, 장영익, 장영익작가의 blog

<국제 바칼로레아 국내 공교육 도입 3단계 방안 나왔다>, 오마이뉴스, 2018. 6.23.

<외우지 않고 스스로 생각하는 바칼로레아 교육을 아시나요?>, 서울시 교육청, 서
울교육나침반 blog

<점수사라진 성적표... 리더십·모험정신 등 학생역량제시>, 조선일보, 2018.9.3. 신
민혜

<디지털 리터러시, 4차교육혁명을 이끌다>, 더나은미래 blog, 김태현

<디지털 리터러시 어떻게 키울 수 있을까>, 미디어리터러시, 2017.9.28.

<(온누리)넛지효과>, 양봉선, sjb뉴스, 2017.11.6.

<1만시간의 법칙>, N지식백과

<스토리텔링 마케팅 성공사례와 요령>, 제휴마케팅 공부하자, N카페

인공지능시대
최고의 교육은 독서다

2022년 4월 5일 1판 7쇄 인쇄
2022년 4월 15일 1판 7쇄 발행

지은이 | 조미상
펴낸이 | 이병일
펴낸곳 | 더메이커
전 화 | 031-973-8302
팩 스 | 0504-178-8302
이메일 | tmakerpub@hanmail.net
등 록 | 제 2015-000148호.(2015년 7월 15일)

ISBN | 979-11-87809-26-5 (03590)
ⓒ 조미상, 2018

「이도서의국립중앙도서관출판예정도서목록(CIP)은서지정보유통지원시스템홈페이지
(http://seoji.nl.go.kr)와국가자료공동목록시스템(http://www.nl.go.kr/kolisnet)에서
이용하실수있습니다. (CIP제어번호: CIP2018036453)」

인공지능시대
최고의 교육은 독서다